D1750335

ELEKTROMOBILITÄT 2012

ERFOLGREICHE LÖSUNGEN FÜR SMART COMPANIES UND SMART CITIES

edition vie-mobility

echomedia
BUCHVERLAG

INHALT

VORWORTE
DR. RALPH VALLON	6
DR.ᴵᴺ GABRIELE STANEK	7

GRUSSBOTSCHAFTEN
DR. MICHAEL HÄUPL	9
KLAUS WOWEREIT	10
KR BRIGITTE JANK	12
MAG. SIEGFRIED NAGL	14
CHRISTIAN UDE	16
DR. HEINZ SCHADEN	18

STADTENTWICKLUNG UND MOBILITÄTSKONZEPTE

MAG.ᵃ MARIA VASSILAKOU:
Städtische Mobilität im Wandel — 21

GERNOT LOBENBERG:
Elektromobilität – ein Beitrag für Mobilitätskonzepte in modernen Städten — 25

EM. O. UNIV.-PROF. DIPL.-ING. DR. HERMANN KNOFLACHER:
Stadtentwicklung und Verkehrsplanung – Chancen und Risiken in der Zukunft — 35

MAG.ᵃ BARBARA MUHR:
Mobilitätskonzepte für moderne Städte — 39

WOLFGANG BACHMAYER:
Viele kleine Schritte zur Elektromobilität — 45

DIETRICH LEIHS PHD:
Verringern von Treibhausgasen im Straßenverkehr — 48

PROF. KR MARIO REHULKA:
Intelligente Lösungen für die Luftfahrt:
Wir haben keinen Stecker oben im Himmel — 54

AUTOINDUSTRIE UND ANTRIEBSTECHNIK

PROF. DR. FERDINAND DUDENHÖFFER, LEONI BUSSMANN UND KATHRIN DUDENHÖFFER:
Das Elektroauto: Ein Fall für experimentelle Marktforschung — 63

DR. ALEXANDER MARTINOWSKY:
Erfolgreiche Lösungen für Smart Companies und Smart Cities — 70

DIPL.-ING. ALEXANDER KAINER:
Autos in Mittel- und Osteuropa – noch nicht genügend unter Strom — 76

DR. CHRISTIAN PESAU:
CO_2- und Schadstoffreduktion – Automobilindustrie im Wandel — 84

DIPL.-ING. FRANZ LÜCKLER:
Die Steiermark wird grüner: Auf dem Weg zu Green Cars & Clean Mobility — 88

MAG. WOLFGANG ILLES MBA:
Wien elektro-mobil — 92

DR. CHRISTIAN KRAL:
Erster Preis für Paper über Monitoring Elektrischer Maschinen — 94

DIPL.-ING. ROMAN BARTHA:
Elektromobilität – Trends, Anforderungen und Chancen für die Zukunft — 97

DR. MARKUS EINHORN:
Eine Bewertungsmethode für Batterie-Alterungstests in automobilen Anwendungen — 102

MOBIL SEIN IN DER STADT

DKFM. JÖRN MEIER-BERBERICH:
„Stuttgart Services" – Die Bürgerkarte — 107

DR. MICHAEL LICHTENEGGER:
Die Wiener Modellregion – E-Mobilität als Ergänzung zum Rückgrat ÖPNV — 117

CHRISTINE MILCHRAM, FELIX SCHMALEK UND MAG. LISA KARGL:
Potenziale von Elektrofahrzeugen zur CO_2-Reduktion
im betrieblichen Fuhrpark   126

MAG. CHRISTIAN KERN:
Das Ziel ist der Weg   130

DIPL.-ING. MARTIN BLUM:
Radfahren ermöglicht hohe Mobilität in Wien   134

KOMMUNIKATIONSTECHNOLOGIEN UND MOBILITÄTSDIENSTE

DIPL.-ING. HANS FIBY UND DI KLAUS HEIMBUCHNER:
ITS Vienna Region und AnachB.at   137

DR. WALTER HECKE:
ITS Mobility   144

JAN TRIONOW:
Kommunikationstechnologien und Mobilität   148

MARTIN HARTMANN:
Innovative Taxivermittlung reduziert Leerkilometer und Schadstoffausstoß 153

ÖFFENTLICHE UND PRIVATE FINANZIERUNGSMODELLE

DIPL.-ING.IN BRIGITTE JILKA MBA:
PPP-Modell versus öffentliche Hand?   157

DR. WERNER WEIHS-RAABL:
Finanzierungsmodelle für Elektromobilität:
Herausforderungen aus Sicht der Bank   162

DR. CHRISTIAN KUMMERT:
Öffentlich-private Kooperationsmodelle für
Schieneninfrastruktur-Projekte in Europa   174

KLIMASCHUTZ

DIPL.-ING. NIKOLAUS BERLAKOVICH:
Heute handeln. Morgen e-mobil sein. — 183

DIPL.-ING.IN ISABELLA KOSSINA MBA:
Zukunftsfähige Energieversorgung — 188

DIPL.-ING.IN THERESIA VOGEL:
E-Mobilität: Ein Konzept für den Klimaschutz? — 196

KR PETER HANKE:
Wien Holding: Lebensqualität als Auftrag — 205

DR. WOLFGANG EDER:
Stahl als Basis für neue Mobilitäts- und Energiekonzepte
in den Städten der Zukunft — 215

NACHHALTIGKEIT

DR. HANNES ANDROSCH:
E-Mobilität: Wichtiger Teil eines Gesamtkonzeptes — 225

DR. GERHARD HEILINGBRUNNER:
Nicht bei den Menschen sparen, sondern bei Baumaschinen und Beton! — 228

FRANK HENSEL:
REWE International AG und das Leitbild einer nachhaltigen Entwicklung — 231

DIPL.-ING. ILJA MESSNER:
Smart Cities brauchen nachhaltige Universitäten — 237

DORIS HOLLER-BRUCKNER:
Nachhaltige Elektromobilität: Mehr als ein Schlagwort? — 242

GALLERY OF FAME

Verzeichnis der Autorinnen und Autoren der Fachbeiträge — 249

VORWORTE

DR. RALPH VALLON
INITIATOR VIE-MOBILITY

Einsatz für die Mobilität der Zukunft

Unternehmen oder Organisationen, die sich für etwas einsetzen, gebührt Anerkennung. Wer für etwas „brennt", kann für die Sache viel erreichen und die eine oder andere Hürde nehmen. Elektromobilität in den Städten zu fördern und Smart Cities mit Smart Companies zusammenzubringen ist unsere Aufgabe. Im Herbst 2011 haben wir die vie-mobility als neue Plattform zur Kommunikation und Diskussion ins Leben gerufen und heuer im April haben wir ein zweitägiges Symposium im Haus der Industrie abgehalten, mehr darüber unter vie-mobility.at.

Die dritte vie-mobility-Veranstaltung „Bürgermeister und CEOs im Talk. Wirtschaft trifft Stadtpolitik" findet am 15. Oktober 2012 statt, wo wir dieses Buch präsentieren. Die beiden Bürgermeister aus Wien und Berlin, Michael Häupl und Klaus Wowereit, erleben wir im Gespräch über erfolgreiche Mobilitätskonzepte, und drei weitere Podien zu Nachhaltigkeit, Modal Split und Power für die Stadt vertiefen den Diskurs. Um für die vie-mobility auch eine gewisse Nachhaltigkeit sicherzustellen, haben wir uns entschlossen, eine edition vie-mobility aufzulegen, und starten mit der Elektromobilität 2012. In diesem Buch werden mit Hilfe von Entscheidungsträgern aus Politik, Wirtschaft, Wissenschaft und Forschung neue Wege zur Mobilität beschrieben und diskutiert.

Als Initiator der vie-mobility danke ich den Autorinnen und Autoren dieses ersten Buches aus der edition vie-mobility für ihre Beiträge und bin überzeugt, dass Smart Cities nur gemeinsam mit Smart Companies entstehen können.

FOTO: CHRISTOPH LANGECKER

DR.^{IN} GABRIELE STANEK
KOORDINATORIN EDITION VIE-MOBILITY

Elektromobilität 2012, das Buch aus der neuen edition vie-mobility

Wo Menschen leben, hinterlassen sie Spuren. In Ballungszentren entstehen naturgemäß mehr „Footprints" als in wenig besiedelten Gebieten, aber die Urbanisierung schreitet weltweit zügig voran. Die Ausbreitung städtischer Lebensformen in sowohl physischer als auch funktionaler Hinsicht stellt die Verantwortlichen in den Kommunen vor große Herausforderungen.

Es bedarf zukunftsweisender Maßnahmen und die Zusammenarbeit aller relevanten Kräfte in den Kommunen, der E-Wirtschaft, in der Forschung, Automobil- und Telekommunikationsindustrie und in der Finanzwirtschaft.

Aus diesem Grund haben wir einen besonderen „Footprint" in Form dieses neuen Buches hinterlassen:

Es ist eine blitzlichtartige Bestandsaufnahme von Expertenmeinungen aus Politik, Wirtschaft und Wissenschaft, ohne den Anspruch auf Vollständigkeit oder apodiktische Wahrheit zu erheben. Gleichzeitig gilt es, mit den Beiträgen in dieser neuen Edition die Entscheidungsträger aus Gesellschaft, Politik, Wissenschaft und Wirtschaft anzusprechen, Anstöße für neue Technologien zu geben und neue Wege in der modernen Stadtplanung und Nachhaltigkeit zu beschreiten.

Allen gemeinsam ist, dass sie an einer lebenswerten, gesunden Stadtentwicklung interessiert sind und über die Plattform vie-mobility nach branchen-, disziplinen- und grenzüberschreitenden Lösungsansätzen suchen.

GRUSSBOTSCHAFTEN

DR. MICHAEL HÄUPL
BÜRGERMEISTER DER STADT WIEN

Moderne Städte stehen vor allem in den Bereichen Stadtentwicklung und Verkehrsplanung vor enormen Herausforderungen. Wien setzt daher seit langem auf ein Mobilitätskonzept, das alle VerkehrsteilnehmerInnen und Umweltinteressen gleichermaßen berücksichtigt. Investitionen in den öffentlichen Personennahverkehr sind ein notwendiger und nachhaltiger Beitrag zur Funktionsfähigkeit der Großstadt und somit zur Lebensqualität der Menschen. Im Jahr 2011 lag der Anteil der öffentlichen Verkehrsmittel in Wien am „Modal Split" bei 37 Prozent. Bis 2020 soll dieser Anteil mit einem attraktiven Tarifsystem und dem weiteren U-Bahn-Ausbau auf 40 Prozent gesteigert werden. Damit ist Wien bereits heute die Metropole der Elektromobilität und gleichzeitig die Stadt mit der höchsten Lebensqualität.

Es freut mich, dass mit vie-mobility eine Plattform ins Leben gerufen wurde, die intelligente Lösungen für intelligente Cities diskutiert, aber auch Wissenstransfer und Networking ermöglicht. Ich lade Sie ein, mit diesem Buch weiter in die Materie Elektromobilität vorzudringen und in die Diskussion über moderne Verkehrskonzepte, Stadtentwicklung, aber auch Kommunikationstechnologien und Klimaschutz einzutreten.

KLAUS WOWEREIT
REGIERENDER BÜRGERMEISTER VON BERLIN

Die Mobilität in unseren Städten verändert sich. Manche sprechen schon vom Aufbruch ins elektromobile Zeitalter. Zwar ist es noch ein langer Weg dorthin. Aber fest steht: Elektromobilität ist im Kommen. Sie birgt große Chancen für die Zukunft.

Berlin hat sich als Modellregion klar positioniert und wurde gerade erst zum „Nationalen Schaufenster der Elektromobilität" ernannt. Ein breites Bündnis von über 250 Projektpartnern hat sich zum Ziel gesetzt, die Stadt zur Leitmetropole der Elektromobilität in Europa zu entwickeln. Aktiv mit dabei sind die meisten deutschen Automobilkonzerne, die Großen der Energiebranche, zahlreiche kleine und mittlere Unternehmen aus Berlin sowie unsere exzellenten Universitäten und Forschungseinrichtungen.

Berlin setzt auf Elektromobilität als Wachstumstreiber. Mit unserer Berliner Agentur für Elektromobilität (e-MO) haben wir die Kräfte in der Region gebündelt, um die gesamte Wertschöpfungskette von der Erforschung und Entwicklung über die Erprobung bis hin zur industriellen Produktion abzudecken. E-Mobilität wird zur Verbesserung der

GRUSSBOTSCHAFTEN

urbanen Lebensqualität beitragen. Sie bietet neue Chancen der Verknüpfung in einem integrierten System aller Verkehrsträger. Gleichzeitig verleiht sie dem Ausbau intelligenter Stromnetze und dem Umstieg auf erneuerbare Energien zusätzlichen Schub. So gehen von der Elektromobilität erhebliche innovative Impulse aus.

Zukunftsfähige, nachhaltige Mobilität – für die meisten Metropolen der Welt liegt darin eine der großen Herausforderungen. Ich danke der Stadt Wien für ihre Initiative zu einem Austausch über die besten Lösungen und freue mich, Berliner Know-how in eine fruchtbare Kooperation auch auf diesem Feld einzubringen.

KR BRIGITTE JANK
PRÄSIDENTIN DER WIRTSCHAFTSKAMMER WIEN

FOTO: ONEYE

Knapp 70 Prozent der Weltbevölkerung werden 2050 in Städten leben. Parallel dazu steigt die Zahl der Megacities mit mehr als fünf Millionen Einwohnern konstant. Beide Entwicklungen stellen Kommunalpolitiker, Stadt- und Verkehrsplaner sowie Soziologen vor ganz neue Herausforderungen. Dabei stehen die Auswirkungen des Städtebooms auf das Zusammenleben der Bevölkerung ebenso im Mittelpunkt wie Fragen zu Infrastruktur und Klimaschutz in Großstädten. Fest steht schon jetzt: Alternative Antriebsformen, E-Mobility und ressourcenschonende Lösungen für den individuellen wie den öffentlichen Verkehr werden in den nächsten Jahren weiter an Relevanz gewinnen und zu einer der wichtigsten und umsatzstärksten Antriebskräfte der Weltwirtschaft werden. Das Fraunhofer-Institut beziffert das Wertschöpfungspotenzial durch E-Mobilität in Österreich im Jahr 2030 mit 1,2 Milliarden Euro und rechnet mit 15.000 Beschäftigten in diesem Sektor.

E-Mobilität allein wird allerdings nicht die Verkehrsprobleme der Zukunft lösen. Denn genauso wichtig ist die Weiterentwicklung und Modernisierung der Infrastruktur –

GRUSSBOTSCHAFTEN

eine moderne Stadt ist eine Stadt der kurzen Wege und der effizienten Distribution. Wien hat hier enormen Aufholbedarf, gerade in den letzten Jahren wurden wichtige Logistikflächen innerhalb der Stadt deutlich minimiert. Hier muss gegengesteuert werden, um gerade dem Wirtschaftsverkehr die Möglichkeit zu bieten, noch effizienter zu agieren.

Ebenso wie die Wirtschaft ist auch die Politik bei dem Thema „Mobilität der Zukunft" gefordert. Neben der wirtschaftsnahen Ausgestaltung der Verkehrs-, Infrastruktur- und Energiepolitik muss die Politik vor allem wirkungsvolle Anreizsysteme für F&E schaffen, um die Entwicklung zukunftsträchtiger Innovationen zu unterstützen und zu beschleunigen.

MAG. SIEGFRIED NAGL
BÜRGERMEISTER DER STADT GRAZ

Die zentrale Lage von Graz ist ein wichtiger Standortvorteil. Graz hat mit der Einrichtung eines umfassenden regionalen Verkehrsverbundes die Verbindung zu anderen Regionen forciert. Die Verkehrsströme und die Verkehrsnutzungen in der Stadt bedürfen ständiger Überprüfung. Es ist das Gebot der Stunde, den öffentlichen Verkehr attraktiv zu gestalten, um viele Teilnehmerinnen und Teilnehmer des Individualverkehrs zum Umstieg bewegen zu können. Auch der Ausbau des Radwegenetzes muss noch in einigen Bezirken angetaucht werden. Mobilität funktioniert nur dann, wenn auch die Kommunikationsnetze im Gleichschritt ausgebaut werden. Kommunikations- und Dialogkultur sind entscheidend für die Stadtgesellschaft. Ihr sozialer Zusammenhalt wird durch offene und öffentliche Kommunikation gestärkt.

Mobilität von morgen bedeutet für die Bürgerinnen und Bürger Lebendigkeit, Urbanität und Lebensqualität. Dies wird mit den Zielen der Stadtentwicklung, der Verkehrssicherheit, dem Umweltschutz und der Sicherung des Wirtschaftsstandortes Graz in Einklang gebracht. Dabei gilt das Grundbedürfnis der Bürgerinnen und Bürger für persönliche Mobilität auch für den Individualverkehr. Durch intelligente Verbindungen zwischen Umland und Stadt kann die Stadt die einpendelnden Menschen willkommen heißen, ohne damit gleichzeitig die Umweltbelastung für Graz zu erhöhen. Auch für kurze Besuche ist die Stadt Graz ansprechend. Durch Einsatz von intelligenten Ampel-

GRUSSBOTSCHAFTEN

und gegebenenfalls Vorfahrtssystemen (links abbiegen) wird der Verkehr flüssig gehalten, und die Feinstaubbelastung in unserer Stadt wird dadurch verringert. In den Wohngebieten von Graz sollen in Zukunft E-Carsharing-Systeme angeboten werden, um damit die kurzen Wege innerhalb der Stadt emissionsfrei erledigen zu können. Der öffentliche Verkehr wird weiter ausgebaut und auch dem Wettbewerb unterworfen, es wird dabei also nach wirtschaftlichen Grundsätzen gearbeitet. Durch den weiteren Ausbau von P&R und die ÖV-Anbindung der umliegenden Gemeinden kann der Berufs-, Ausbildungs- und Einkaufsverkehr zügiger abgewickelt werden. Die Mobilität in einer Stadt darf nie zu Lasten der Umwelt gehen, deshalb sind Radfahrwege und Flaniermeilen Faktoren für eine lebenswerte Stadt. Mobilität findet nie alleine statt, es geht hier immer um eine Wechselbeziehung von Kommunikation und Mobilität. Kommunikation ist eine wesentliche Notwendigkeit für eine integrative Stadtgesellschaft. Breite und offene wissensorientierte Kommunikation ist der wesentlichste Standort- und Innovationsfaktor einer Stadt. Auszubildende, Studierende, Orientierung suchende Absolventen, Gründer, Arbeitgeber, Unternehmer müssen sich im elektronischen Zeitalter zwischen den Wissensangeboten frei bewegen können.

CHRISTIAN UDE
OBERBÜRGERMEISTER VON MÜNCHEN

FOTO: EDITH V. WELSER-UDE

Kooperation statt Konfrontation

Mobilität gewinnt immer noch mehr und mehr an Bedeutung. Trotz neuer Kommunikationsformen wird der Mensch im 21. Jahrhundert physisch immer mobiler: Ansprüche der Arbeitswelt verlängern Pendlerdistanzen, aber auch die Freizeitgestaltung erhöht privat zurückgelegte Wege.

Mobilität ist dabei noch zu wenig nachhaltig. So stieg der verkehrsbedingte CO_2-Ausstoß in der EU trotz aller technologischen Verbesserungen in den letzten 20 Jahren weiter an. Der Verkehr ist für ungefähr ein Fünftel aller Treibhausgasemissionen verantwortlich. In den Städten und ihrem Umland konzentrieren sich Verkehrsprobleme: Staus, hohe Luft- und Lärmbelastungen, Verkehrsunfälle – gerade in prosperierenden Metropolregionen wachsen mit dem Verkehr auch die Belastungen.

Was können wir für einen nachhaltigeren Verkehr tun? Der Ausbau des öffentlichen Verkehrs, die Förderung des Radverkehrs und der Nahmobilität sind ebenso zentrale

GRUSSBOTSCHAFTEN

Bausteine wie ein Verkehrs-, Mobilitäts- und Parkraummanagement, das nicht notwendigen Autoverkehr aus den Innenstädten fernhält. Wichtig ist dabei eine integrative Sichtweise und kooperative Bearbeitung komplexer Verkehrsprobleme. Verkehr und das Muster der Siedlungsstruktur hängen zusammen und müssen gemeinsam betrachtet werden, ebenso unterschiedliche Mobilitätsformen, die sinnvoll miteinander zu vernetzen sind. Neue Technologien wie die Elektromobilität können so mit Car- und Bikesharing-Modellen kombiniert und diese wiederum mit dem öffentlichen Verkehr verknüpft werden. Innovative Konzepte werden dabei am besten in Zusammenarbeit von Stadtgesellschaft und Experten verschiedenster Bereiche erarbeitet. Es gilt: Kooperation statt Konfrontation für eine nachhaltige und effiziente Mobilität.

DR. HEINZ SCHADEN
BÜRGERMEISTER DER STADT SALZBURG

FOTO: STADT SALZBURG

Es ist eine Tatsache, dass der Straßenraum in städtischen Gebieten kaum noch vermehrbar ist. Im Gegensatz dazu nimmt der Individualverkehr ständig zu. Auch in der Stadt Salzburg kommt es bedingt durch den Berufsverkehr, aber ebenso in der Sommer- und Festspielzeit, wenn sich tausende Besucher in unsere schöne Altstadt drängen, immer wieder zu Verkehrsüberlastungen und somit zu Staus. Es ist daher eigentlich vorgezeichnet, wohin der Weg in Zukunft gehen muss.

Neben diesem reinem Platzproblem gibt es aber noch weitere Belastungen, die mit einer übermäßigen Verkehrsdichte einhergehen: CO_2 und sonstige Schadstoffe, Lärm etc. Was das Mobilitätsverhalten der Menschen betrifft, muss daher ein Umdenkprozess einsetzen. Weg vom Auto hin zum öffentlichen Verkehr. Auch Ausbau und Förderung der E-Mobilität erscheinen im Lichte der heutigen Zeit geboten. Gerade in der Stadt kommt man auch mit dem Rad oder per pedes gut voran. Es muss nicht immer das Auto sein.

Die Stadt Salzburg verfolgt mit dem Stadtbus schon seit langem ein elektrobetriebenes öffentliches Verkehrskonzept. Seit Inbetriebnahme des ersten Busses in den 1940er Jahren hat sich die Flotte auf 97 Busse und das Obuslinennetz auf etwa 100 km

GRUSSBOTSCHAFTEN

erweitert. In den letzten Jahren wurden rund 1,7 Millionen Euro in die umweltfreundliche und stadtverträgliche Obustechnik investiert. Heuer kommen neuerlich rund 1,2 Millionen Euro hinzu.

Für den Individualverkehr (vier- und zweirädrig) wurden in Kooperation mit der Salzburg AG Stromtankstellen inklusive Gratisparkmöglichkeit während des Ladevorgangs umgesetzt und ein auf Elektroautos basierendes Carsharing-Modell implementiert. Daneben erfolgt ein kontinuierlicher Ausbau des städtischen Radwegeprogramms. Mit dem Zukunftsprojekt „Smart City Salzburg" wird das Thema Elektromobilität zudem konsequent weiterverfolgt.

In diesem Sinne und mit der Hoffnung auf eine nachhaltige und umweltorientierte Mobilitätsentwicklung wünsche ich allen LeserInnen des ersten vie-mobility-Buches und den OrganisatorInnen weiterhin Erfolg bei ihrem Engagement!

STADTENTWICKLUNG UND MOBILITÄTSKONZEPTE

STÄDTISCHE MOBILITÄT IM WANDEL

MAG.ᵃ MARIA VASSILAKOU
VIZEBÜRGERMEISTERIN, STADTRÄTIN FÜR
STADTENTWICKLUNG, VERKEHR, KLIMASCHUTZ,
ENERGIEPLANUNG UND BÜRGERINNENBETEILIGUNG

Mobilität in der Stadt steht heute an einem zentralen Wendepunkt. Steigende Spritpreise, strenge Klimaschutzziele und der zunehmende Wunsch nach mehr Freiraum und Lebensqualität im dicht verbauten Gebiet der Stadt machen ein Umdenken urbaner Mobilität notwendig. Gleichzeitig findet weltweit eine technische Revolution statt: Die E-Mobilität ist auf dem Vormarsch und gewinnt immer mehr an Bedeutung. Der klassische Verbrennungsmotor wird in den kommenden Jahren angesichts steigender Spritpreise und Klimaschutzanforderungen an Attraktivität verlieren. Und: Viele Städte und ihr Umland wachsen. Die Anforderungen an städtische Mobilität werden also zunehmen. Bis 2020 werden die Bundesländer Wien und Niederösterreich um je 100.000 EinwohnerInnen mehr zählen. Bis 2035 leben in Wien rund zwei Millionen Menschen.

Die Stadt Wien hat sich deshalb im Bereich der Mobilität ambitionierte Ziele gesetzt. Im kommenden Jahrzehnt soll der Anteil der öffentlichen Verkehrsmittel auf 40 Prozent, der Rad-Anteil auf 10 Prozent gesteigert werden. Gleichzeitig soll der motorisierte Individualverkehr um 30 Prozent abnehmen, um Abgase zu minimieren, um Lärm zu reduzieren, um Platz für mehr Lebensqualität in der Stadt zu schaffen. So soll dem steigenden Bedürfnis der in Wien lebenden Menschen nach neuen Grün- und Freiräumen Rechnung getragen werden. Für FußgängerInnen soll die Stadt noch bequemer und sicherer werden.

Die Wiener Verkehrssituation

Der innerstädtische Verkehr in Wien (Hauptstraßen A und B) geht seit 2005 zurück, was das Verkehrsaufkommen betrifft. In manchen Bezirken sinkt auch die Anzahl der

Anmeldungen für PKW, wie beispielsweise im 9. Bezirk. Auf den Autobahnen nimmt die Verkehrsbelastung allerdings zu. Die Verkehrsentwicklung für das gesamte Zählstellennetz zeigt eine Verkehrsabnahme zwischen den Jahren 2005 und 2010 von ca. 5,5 Prozent.

Anders sieht es an der Stadtgrenze aus: Insgesamt fahren zwischen 5 und 24 Uhr mehr als eine halbe Million Personen nach Wien hinein (und wieder hinaus). Nur rund ein Fünftel davon ist mit öffentlichen Verkehrsmitteln unterwegs. Im Vergleich zu 1995 ist das Verkehrsaufkommen in Wien und im Wiener Umland stark gestiegen. Der Anteil des öffentlichen Verkehrs ist im selben Zeitraum jedoch fast gleich geblieben. Diese Zunahme des Autoverkehrs in den vergangenen Jahrzehnten hat zu einer permanenten Überlastung innerhalb des Stadtgebiets geführt. Parkplätze werden in manchen Grätzeln zur Mangelware. Jede/r Wiener AutofahrerIn verbringt rund 240 Stunden pro Jahr im Stau.

Eine Veränderung des Modal Split hin zu mehr Öffis hat in den vergangenen Jahren nicht stattgefunden. Wo es Autobahnen gibt, werden sie auch stark genutzt. Und wo es keine Schnellbahnanbindung gibt, ist der Anteil an öffentlichem Verkehr auch am geringsten. Die Tendenz wird zukünftig vermutlich eher zum Schlechteren ausfallen, da die A5 von Mistelbach nach Wien noch nicht in den aktuellen Erhebungen enthalten ist – wenn nicht weitere Vorkehrungen getroffen werden.

Um hier neue Wege zu gehen, hat die Stadt Wien eine Reihe von Maßnahmen ergriffen.

MARIA VASSILAKOU

Dazu sind in Wien unter anderem folgende Maßnahmen in Umsetzung:

> Ausweitung der Parkraumbewirtschaftung über den Gürtel hinaus gemeinsam mit den betroffenen Bezirken
> Ausweitung von Tempo 30 in Wohngebieten zur Erhöhung der Verkehrssicherheit – Umsetzungszeitraum 2012/2013
> Einführung weiterer Carsharing-Angebote: Start 2012
> Verbilligung der Jahreskarte der Wiener Linien ab 1. 5. 2012
> Ausbau des Radverkehrs und des City-Bike-Systems
> Verbesserungen für FußgängerInnen
> Ausbau der Park-and-Ride-Anlagen und Wohnsammelgaragen
> Verbesserung der Anbindung des Wiener Umlands an Wien
> Ausarbeitung einer städtischen Strategie für den Umgang mit E-Mobilität

Wien und das Umland als eine Region denken

Ein weiterer zentraler Hebel für die Gestaltung der Wiener Verkehrspolitik ist die verkehrliche Entwicklung der Metropolregion Wien und Umgebung. Hier sind weitere Kooperationen und Koordination in Bezug auf Siedlungsentwicklung und Öffi-Erschließung notwendig. Schon jetzt gibt es hier wichtige und gut funktionierende Ansätze, wie das Stadtumland Management SUM, die die Stadt und ihre Umlandgemeinden als Metropolregion begreifen. Durch eine optimierte Raumordnung durch dichtere Verbauung in Bereichen, die gut durch öffentliche Verkehrsmittel erschlossen sind, lassen sich weitere Verkehrsströme vermindern.

Ein weiteres Beispiel für konkrete Maßnahmen, die im Wiener Umland zu treffen sind, ist der Ausbau der Park-and-Ride-Anlagen entlang der S-Bahn-Strecken.

Aber auch im innerstädtischen Bereich sind Verbesserungen möglich. Beispielsweise bietet ein flächendeckendes und breit angebotenes Carsharing-Angebot neue Modelle, auf den eigenen PKW in der Stadt zu verzichten. Immerhin kann ein Carsharing-Auto vier bis acht „normale" PKW in der Stadt ersetzen.

E-Mobilität als Projekt der Gegenwart

Die Stadt Wien hat die E-Mobilität als Zukunftsmodell erkannt und setzt entsprechende Schritte, um auf diese Entwicklung vorbereitet zu sein. Bis 2013 wird die Stadt eine Strategie entwickelt haben, wie E-Mobilität in der Stadt funktionieren könnte. Eine der Grundüberlegungen ist, dass die E-Mobilität nicht 1:1 das Modell Verbrennungsmotor ersetzen kann und soll. Vielmehr geht es darum, ein integriertes Modell zu entwickeln, in Kombination mit anderen Verkehrsmitteln wie dem Fahrrad und den Öffis ein Angebot zu schaffen, das es ermöglicht, im Rahmen der Mobilität platz- und energiesparender zu werden. Und: Der zusätzliche Strombedarf für die E-Mobilität muss aus erneuerbaren Energiequellen kommen.

Die Mobilität der Zukunft wird also die Kombination aus vielen unterschiedlichen Möglichkeiten sein, wie wir von A nach B kommen.

ELEKTROMOBILITÄT – EIN BEITRAG FÜR MOBILITÄTSKONZEPTE IN MODERNEN STÄDTEN

GERNOT LOBENBERG
BERLINER AGENTUR FÜR ELEKTROMOBILITÄT eMO

Am 29. Januar 1886 meldete Carl Benz das Patent für das erste mit Verbrennungsmotor betriebene Motorfahrzeug an. Was aber viele nicht wissen: Die Elektromobilität ist ebenfalls eine Erfindung aus dem 19. Jahrhundert. Fünf Jahre zuvor, 1881, baute Gustave Trouvé das erste Elektromobil, das „Trouvé Tricycle". Sie sehen also: Das Elektromobil ist keine neue Idee, es ist so alt wie das Automobil selbst. Die Elektromobilität erlebte von der damaligen Jahrhundertwende bis Mitte der 1920er-Jahre eine erste Blütezeit. Weltwirtschaftskrise und Zweiter Weltkrieg setzten den Anfangserfolgen dann ein jähes Ende. Von da an führte die Elektromobilität ein Nischendasein bis hin zum elektrisch angetriebenen Mondfahrzeug. Seit Mitte der 1990er-Jahre erlebt die Elektromobilität aber eine große Renaissance. Was in den USA mit dem EV 1 von General Motors als Serien-Elektromobil begann, hat sich seitdem immer weiter entwickelt, in Europa, Asien und der Welt.

Keine Frage: Die Elektromobilität hat das Potenzial, insbesondere in den Ballungsregionen zu einem wichtigen Bestandteil für die Mobilität der Zukunft zu werden.

Chancen durch Veränderungen

Die Entwicklung hin zu einer maßgeschneiderten, intelligenten und nachhaltigen Mobilität ist längst angestoßen. Etwa zwei Drittel aller Automobilexperten glauben, dass sich der Markt zu einem Mobilitätsangebot mit verschiedenen vernetzten Verkehrsträgern entwickeln wird. Bereits heute beobachten wir in unseren Ballungszentren, dass für die Generation der unter 30-Jährigen der Besitz eines Fahrzeugs längst nicht mehr so relevant ist wie bei früheren Generationen. Wichtig für junge Erwachsene ist „Mobilität" – und die findet im Kopf statt. In Berlin haben 44 Prozent aller Haushalte keinen PKW, ein privates Auto wird pro Tag an 23 von 24 Stunden nicht bewegt. Dieser Trend wird sich verstetigen. „Mobility as a Service" heißt eines der zukünftigen Zauberwörter und wird den sogenannten „Markt der neuen Mobilität" in Zukunft bestimmen. Innovative Mobilitätskonzepte werden die sich wandelnden und vielseitiger werdenden Bedürfnisse der Bewohner und Besucher unserer Metropolen aufgreifen und haben sie schon längst aufgegriffen. Carsharing, multimodale Transportlösungen, also die Verquickung verschiedener Verkehrsträger, oder Reise- und Eventservice werden sich zunehmend etablieren. Dies gilt im Großen und Ganzen für die Beförderung von Personen wie von Gütern gleichermaßen.

Hinzu kommen knapper werdende Öl-Ressourcen, die immer größeren energie- und klimapolitischen Herausforderungen, die Entwicklung neuer Technologien und die weltweit zunehmende Urbanisierung. Hier kommt der sogenannten „Green Economy" und damit auch der Elektromobilität eine ganz entscheidende Rolle zu.

Längst haben die Automobilkonzerne die Chancen der Elektromobilität für sich entdeckt. Die Bildung von Allianzen mit industrienahen wie auch industriefremden Partnern, um schneller innovative Angebote entwickeln und bereitstellen zu können, ist längst Normalität. IKT-Player wie Bosch oder Siemens sind schon heute mit dem Aufbau der notwendigen IKT-Infrastruktur beschäftigt. So benötigen beispielsweise Carsharing-Konzepte IKT-Lösungen für die Interaktion zwischen Fahrzeug, Ladesäule,

GERNOT LOBENBERG

Nutzer und Abrechnung. Die Automobilindustrie wird dabei auch angetrieben durch die aktuelle EU-Gesetzgebung. Ziel der EU ist es, den durchschnittlichen CO_2-Flottenverbrauch der Autobauer von 186 g/km im Jahr 2000 auf 95 g/km im Jahr 2020 zu verringern. Und das funktioniert nur mit dem Baustein Elektromobilität.

Elektromobilität mit besten Erfolgsaussichten

Der Elektromobilität werden bei der Entwicklung neuer Mobilitätskonzepte für moderne Metropolen die bei weitem größten Erfolgsaussichten zugeschrieben. 83 Prozent der Automobilexperten glauben, dass sich das Produktportfolio der Automobilhersteller langfristig zu elektrisch betriebenen Fahrzeugen entwickeln muss. Und die Dimension bringt Martin Winterkorn von VW auf den Punkt: „Die Elektromobilität ist für den Automobilstandort Europa als Ganzes eine Jahrhundertaufgabe."

Zielerreichung Schritt für Schritt

Fest steht: Die Elektromobilität hat das Potenzial, nicht nur die Zukunft der Mobilität in unseren Städten zu verändern. Es handelt sich um wesentlich mehr als „nur" den Austausch des Motors und den Ersatz des Kraftstofftanks durch eine Batterie oder eine Brennstoffzelle. Die Vernetzung des Fahrzeugs mit dem (regenerativen) Energiesystem und dem (effizienten) Verkehrssystem durch intelligente Informations- und Kommunikationssysteme – also das „System Elektromobilität" – wird in den nächsten Jahrzehnten die gegenwärtige Wertschöpfungslandschaft und den Verkehr nachhaltig verändern. Von heute auf morgen wird dies allerdings nicht zu realisieren sein.

Nachdem der erste „Hype" eines vermeintlichen „Sprints" der Elektromobilität abgeklungen ist, brauchen alle Beteiligten nun den langen Atem für einen „Marathon".

Für die Entwicklung der Elektromobilität werden weltweit tradierte Wertschöpfungsketten aufgebrochen, neue Partnerschaften geschmiedet und ganze Branchen neu miteinander vernetzt. Nur durch Kooperationen, die Anpassung von Produkten, Dienstleistungen und neuen Geschäftsmodellen wird die Elektromobilität – vor allem in Europa – Erfolg haben. Zur Unterstützung dieser Entwicklung bedarf es der intensiven Vernetzung von Politik, Wirtschaft und Wissenschaft sowie der Förderung von Innovationsprozessen, wie sie in Deutschland in der 2010 ins Leben gerufenen Nationalen Plattform Elektromobilität (NPE) und in Berlin-Brandenburg mit der Ende 2010 gegründeten Berliner Agentur für Elektromobilität eMO vorangetrieben wird.

Unser Ziel des emissionsfreien urbanen Verkehrs in 2050 können wir nur etappenweise mit klar definierten Zwischenzielen erreichen. Das ist das Ergebnis einer Studie zur Entwicklung der Elektromobilität des Fraunhofer-Instituts für Arbeitswirtschaft und Organisation (IAO) aus dem Jahr 2010. Der Start werden demnach erste Projekte in den Modell- und ab 2013 Schaufensterregionen sein. Bis 2020 sollen elektromobile Konzepte in betrieblichen und kommunalen Fuhrparks verbreitet sein. Bis 2030 soll der ÖPNV verstärkt mit elektromobilen Konzepten verzahnt werden. Für 2040 als Zielkorridor ist die Nutzung sämtlicher Verkehrsressourcen mit elektromobilen Antrieben durch breite Teile der Bevölkerung vorgesehen, bis schließlich 2050 der urbane Verkehr rein elektrisch ist und die Städte optimal in ihrer jeweiligen Region vernetzt sein sollen.

GERNOT LOBENBERG

Verbraucher muss im Mittelpunkt stehen

Doch wir müssen uns auch bewusst sein, dass die Entwicklung hin zur massentauglichen Einführung elektromobiler Konzepte kein Selbstzweck sein darf. Es geht um die vielseitigen Bedürfnisse der Verbraucher in unseren Metropolen.

Hierzu gibt es etliche, von anerkannten Beratern entworfene Marktszenarien, darunter jenes vom Strategieberatungsunternehmen Oliver Wyman aus 2011. Wir müssen stets überprüfen und einschätzen können, ob und ab wann der Kauf eines Elektrofahrzeugs in Betracht gezogen wird. Wann werden Leasing-Modelle favorisiert? Und unter welchen Voraussetzungen zieht der Verbraucher das zuletzt gerade in Ballungsregionen immer beliebtere Carsharing vor? Ähnliches gilt für die Batterien. Werden sie zum Auto direkt dazugekauft oder geleast? Auf beides hat der Ausbau der Ladeinfrastruktur erheblichen Einfluss. Verbraucher, denen leistungsstarke private Aufladevorrichtungen zur Verfügung stehen, werden eher zum Kauf eines Fahrzeugs sowie dem Kauf oder Leasen einer Batterie neigen als solche, die auf öffentliche Aufladevorrichtungen zurückgreifen. Hier könnte aller Voraussicht nach allgemein dem Car- und Batterie-Sharing der Vorzug gegeben werden.

Aktuelle Szenarien über die Nutzung der Lademöglichkeiten wurden bereits entwickelt. Siemens und die Unternehmensberatung Mücke Sturm Company gehen nach aktuellen Berechnungen und Prognosen davon aus, dass etwa 50 Prozent der Nutzer von Elektrofahrzeugen private Aufladevorrichtungen nutzen werden, etwa 30 Prozent auf dem Parkplatz ihres Arbeitsplatzes, weitere 18 Prozent im öffentlichen Parkraum und etwa 2 Prozent an sogenannten Schnellladestationen. Diese Prognosen lassen bereits heute Rückschlüsse auf das zu erwartende Verbraucherverhalten von morgen und übermorgen zu. Mit unserer online verfügbaren „eMO-Landkarte" können sich Verbraucher und Interessenten über die wachsenden Auflademöglichkeiten in Berlin informieren. Die Bundeshauptstadt besitzt schon heute das größte Netz an Ladeinfrastruktur aller deutschen Städte. Doch darauf dürfen und werden wir uns nicht ausruhen. Berlin ist längst zur Hauptstadt des E-Carsharings geworden, immer mehr Ladepunkte werden somit gerade im öffentlichen Raum benötigt und aufgebaut. In Berlin werden wir einen kräftigen Ausbau der Ladeinfrastruktur von derzeit rund 500 auf 3.700 Ladepunkte realisieren – davon 1.400 öffentliche und 2.300 private.

Elektromobilität hat große energiewirtschaftliche Relevanz

Die neuen Mobilitätskonzepte für moderne Städte sind aber auch aus energiepolitischer wie -wirtschaftlicher Sicht hochinteressant und somit mitentscheidend für den Erfolg der von der deutschen Bundesregierung eingeleiteten „Energiewende". Denn die ehrgeizigen Ziele des Ausbaus der erneuerbaren Energieformen benötigen einen kontinuierlichen Ausbau der bestehenden Stromnetze und vor allem der Speicherkapazitäten. Elektrofahrzeuge verursachen in Deutschland einen vergleichsweise geringen zusätzlichen Strombedarf – eine Million Elektroautos führen zu einem erhöhten Strombedarf von lediglich 0,3 Prozent im Vergleich zum Status quo – das ergab eine Studie des Heidelberger Instituts für Energie- und Umweltforschung aus 2010. Demgegenüber können Elektrofahrzeuge als dezentrale Speicher und damit als wichtiger Bestandteil sogenannter intelligenter Stromnetze („Smart Grids") einen enormen Beitrag zu einer größeren Netzstabilität leisten. Auch entsprechen sie

GERNOT LOBENBERG

dem allgemeinen Ziel der dezentralen Energieversorgungsstrukturen in Deutschland. Anhand der Analyse aktueller technischer Möglichkeiten und Szenarien hat RWE im Jahr 2012 errechnet, dass 500.000 Elektrofahrzeuge als Stromspeicher über die Ladeleistung von 80 Prozent aller deutschen Pumpspeicherkraftwerke verfügen. Das zeigt das Potenzial der Elektromobilität als einer der zahlreichen notwendigen Bausteine für die Energiewende.

Hauptstadtregion als Leitmetropole in Europa

Die Ziele sind ehrgeizig. Berlin-Brandenburg will die Leitmetropole der Elektromobilität in Europa und damit ein international sichtbarer Standort für die elektromobile Erprobung und Anwendung werden. Dafür bietet die Region gute Voraussetzungen. Hier soll die gesamte Wertschöpfungskette der Elektromobilität von der Forschung und Entwicklung über die Produktion bis hin zur Anwendung und Ausbildung abgebildet werden.

Berlin ist die Visitenkarte Deutschlands, ist Sitz der Bundesregierung, von Botschaften und zahlreicher Unternehmen und Verbände. Berlin-Brandenburg ist die Nummer 3 des Tourismus in Europa und hoch attraktiv für Talente und nicht zuletzt internationale Arbeitskräfte. 130 Millionen Tagesbesucher und 21 Millionen gewerbliche Übernachtungen pro Jahr sprechen eine deutliche Sprache. Wir sind Spitzenreiter bei umweltfreundlichen Verkehrsmitteln mit einem sehr guten ÖPNV-Netz. Bereits heute besitzen wir eine zukunftsfähige Energieerzeugung und -versorgung, die weiter ausgebaut und optimiert wird. Brandenburg wird im Jahr 2020 seinen Strombedarf zu

100 Prozent aus erneuerbaren Energien decken und wird die energiepolitischen Ziele der deutschen Bundesregierung damit weit übertreffen. Zu guter Letzt verfügt die deutsche Hauptstadtregion über renommierte Einrichtungen interdisziplinärer Forschung und Bildung. An der TU Berlin gibt es beispielsweise 21 Lehrstühle im „Forschungsnetzwerk Elektromobilität".

Und der Erfolg gibt unserer Einschätzung recht. Am 3. April 2012 gab die Bundesregierung bekannt, dass vier Regionen zu sogenannten „Schaufenstern Elektromobilität" weiterentwickelt werden. In diesen soll durch eine Vielzahl von Projekten die Elektromobilität erfahrbar und sichtbar gemacht werden. Insgesamt 180 Millionen Euro an Fördermitteln stellt die Bundesregierung hierfür zur Verfügung. Eine dieser vier Regionen ist Berlin-Brandenburg mit ihrem „Internationalen Schaufenster der Elektromobilität". Für uns ist das ein ganz wichtiges Signal. Die vier Schwerpunkte „Fahren", „Laden", „Speichern" und „Vernetzen" werden die Leitbilder unseres Schaufensterprojektes darstellen.

Wie geht es nun weiter?

Wir stehen am Anfang einer intensiven Entwicklung. Wir haben über 70 ganz unterschiedliche Projekte für das Schaufenster geplant. Sie reichen von elektrischem Carsharing für jedermann über Firmenflotten in Unternehmen und Behörden bis hin zum elektrischen Lieferverkehr. Ein für den Bürger und Touristen besonders sichtbares Projekt wird eine rein batterieelektrisch betriebene Buslinie vom Hauptbahnhof mitten durch die östliche Berliner City zum Ostbahnhof sein. Die Busse werden an den Endhaltestellen induktiv, das heißt kabellos, mit Strom versorgt. Aber auch

GERNOT LOBENBERG

Pedelecs (Elektrofahrräder) für Pendler zwischen Brandenburg und Berlin werden im Schaufenster vertreten sein.

Schon jetzt sind in Berlin und Brandenburg viele Projekte sichtbar. Mit dem „Schaufenster Elektromobilität" soll es für den Bürger noch sichtbarer und nutzbarer werden. Mit dem „Ort der Elektromobilität" am Potsdamer Platz, dem EUREF-Gelände am Gasometer in Berlin-Schöneberg sowie dem „Erlebnis- und Bildungsort Elektromobilität" auf dem Gelände des ehemaligen Flughafens Tempelhof haben wir drei prominente Orte der Elektromobilität entwickelt und konzipiert, wo das Thema sowohl für Fachpublikum als auch für die breite Öffentlichkeit „erfahrbar" wird.

Vernetzung hat hohe Priorität

Bei allen Projekten kommt dem Thema „Vernetzung" eine zentrale Rolle zu. Es sollen zum einen die verschiedenen Verkehrsangebote, wie ÖPNV, Carsharing und Fahrradangebote, mittels einer „Mobilitätskarte" oder einer App auf dem Smartphone verbraucherfreundlich vernetzt werden. Ein vernetztes Auto bietet beispielsweise ganz neue Gestaltungsmöglichkeiten für die Verkehrsinfrastruktur – etwa für die optimale Einstellung von Schaltphasen für Ampeln. Zum anderen soll der elektrische Verkehr mit einem intelligenten Stromnetz verbunden werden, das seinen Strom vor allem aus Windkraftanlagen in Brandenburg bezieht. Ziel ist es, das Verkehrssystem in Berlin-Brandenburg intelligenter, klima- und stadtverträglicher zu machen.

Das volle Potenzial der Elektromobilität kommt nur als integrierter Bestandteil eines ganzheitlichen Verkehrs- und Mobilitätskonzepts zum Tragen. Und an der Erarbeitung und Umsetzung dieses ehrgeizigen und ganzheitlichen Konzeptes arbeiten wir zusammen mit unseren rund 250 Projektpartnern aus Politik, Wirtschaft und Wissenschaft mit Nachdruck. 107 große Unternehmen, 90 kleine und mittelständische Betriebe, 34 F &E- und Bildungseinrichtungen, 24 Kammern, Netzwerke, Verbände sowie die beiden Bundesländer bilden ein starkes Netzwerk für die Elektromobilität. Mit Audi, BMW, Daimler, Ford, Opel, VW, Citroën, Fiat, Mitsubishi, Peugeot, Renault Nissan, Toyota und Volvo beteiligen sich 14 globale Automobilmarken und damit neun der zehn größten Autohersteller der Welt, darunter alle großen deutschen Hersteller.

Dazu kommen mit Bosch, Continental, Siemens und Deutsche Bahn Branchenführer in Automobilzulieferung, Energietechnik, Infrastruktur und Transport. Die BVG ist als eines der größten europäischen Nahverkehrsunternehmen dabei. Drei der vier großen deutschen Energieversorger – E.ON, RWE und Vattenfall – sind ebenso mit von der Partie wie die global agierenden Logistikunternehmen DHL, TNT, Hermes und UPS. Mit Vodafone, Nokia und Capgemini beteiligen sich drei namhafte IT- und Kommunikationsunternehmen.

Sie sehen also: Elektromobilität fasziniert und begeistert kleine wie große Player gleichermaßen, ist nachhaltig und macht ökonomisch wie ökologisch Sinn. Und zu guter Letzt wird Elektromobilität einen wichtigen Beitrag zur Umsetzung eines nachhaltigen Mobilitätskonzeptes in einer lebenswerten Metropole leisten.

STADTENTWICKLUNG UND VERKEHRSPLANUNG – CHANCEN UND RISIKEN IN DER ZUKUNFT

EM. O. UNIV.-PROF. DIPL.-ING. DR. HERMANN KNOFLACHER
TECHNISCHE UNIVERSITÄT WIEN
INSTITUT FÜR VERKEHRSWISSENSCHAFTEN, FORSCHUNGS-
BEREICH FÜR VERKEHRSPLANUNG UND VERKEHRSTECHNIK

Die Zukunft wird ebenso wie die Vergangenheit durch Strukturen – physische, organisatorische, finanzielle und daraus resultierende kulturelle – bestimmt. Zu welchen Irrtümern die Menschen in der Stadtentwicklung und Verkehrsplanung fähig sind und wie schwer sie sich von diesen befreien können, zeigt die Geschichte des vergangenen Jahrhunderts. Im blinden Rausch scheinbar unbegrenzter fossiler Energieressourcen für eine technische Mobilität, die mühelos hohe Geschwindigkeiten kollektiv und individuell möglich machte, opferte man Jahrhunderte an Erfahrung menschengerechter Stadtentwicklung. Zum einzigen Maßstab wurde die Bewegungsprothese des Automobils und eine für Siedlungsräume viel zu hohe willkürlich gewählte Geschwindigkeit, der man alles aus dem Wege räumte, was diese behinderte. Auf der Basis einer Planungsideologie ohne wissenschaftliche Grundlagen wurden Instrumente der Flächenwidmung und Bebauungsplanung sowie Bauordnungen geschaffen, die die einstige Stadt als Lebensraum der Vielfalt in Teilfunktionen zerlegten und den seinerzeitigen „Ort" zum „Unort" machten. Die Unwirtlichkeit der Städte, wie es Mitscherlich nannte, war das Ergebnis dieses unqualifizierten Umgangs mit dem komplexen sozialen Organismus der europäischen Stadt. Es gibt alle möglichen Arten von Gebietsfunktionen wie Wohn-, Industrie-, Gewerbe-, Geschäftsgebiete, Grün- und Verkehrsflächen, nicht aber eine Flächenwidmung, die einfach „Stadt" heißt. Den Begriff Dorfgebiet findet man hingegen. Die Komplexität der Stadt scheint aus dieser analytischen Systemsicht begrifflich nicht fassbar zu sein.

Da dieser Begriff nicht existiert, braucht man sich auch nicht darum zu bemühen, sondern plant in der naiven Annahme, die Einzelteile werden sich schon wie durch ein Wunder zum Organismus einer lebendigen Stadt zusammenfügen. Ein Teil der Mythologie der Stadtplanung des 20. Jahrhunderts. Dieser fundamentale Fehler kann nur durch den riesigen Aufwand an Energie für die Verbindungen, das technische Verkehrssystem kompensiert werden. Abgesehen davon, dass man damit einen Großteil der heutigen urbanen Probleme auf diese Art und Weise unbeabsichtigt „plant", werden die räumlich weit voneinander liegenden Funktionen der Stadt nicht mehr aufrechterhalten werden können, fehlen die billigen Energiequellen.

  Heute noch werden an Ausbildungsstätten Absolventen auf die Menschheit freigelassen, die von vom Autovirus befallenen Lehrpersonen unterrichtet wurden und die im Glauben, etwas Gutes zu tun, in treuer Richtlinienblindheit emsig in den Verwaltungen und Ingenieurbüros zum Wohle und zur Freude der ausufernden Bauindustrie an der Stadtzerstörung und an der Maximierung aller Arten von Problemen, von Sozial- bis zu Verkehrsproblemen, weiterarbeiten. Sie wurden in dem irreführenden Glauben erzogen, dass man Probleme dadurch beseitigt, dass man sie noch größer macht.

  Städte waren immer Orte, wo man der Fernmobilität durch intelligente Konzentration einer Vielzahl von Lebens- und Wirtschaftsfunktionen entgehen konnte. Entstanden ist diese Intelligenz einstiger Stadtplanung durch die niedrigen Geschwindigkeiten und die geringe Reichweite der Fußgänger als Randbedingung. Wird diese

HERMANN KNOFLACHER

gesprengt, verabschiedet sich die Intelligenz, angetrieben von der mühsamen Form der geistigen Mobilität, als Erste und wird durch physische Mobilität ersetzt. Bei 100 PS „in den Beinen" braucht die Planung und auch der Nutzer nicht mehr viel im Hirn. Die Voraussetzung jeder physischen Mobilität sind die Informationen. Ohne diese gibt es keine räumliche Bewegung. Und intelligente geistige Mobilität bedeutet Vorwegnahme von Problemen – das Gegenteil der Stadt- und Verkehrsplanung des 20. Jahrhunderts, die durch die Strukturen und Verkehrssysteme genau jene Probleme erzeugt und vergrößert, die sie vorgibt zu lösen – eine Folge fehlender geistiger Mobilität.

      Die Zukunft einer Smart City kann daher nur in einer Maximierung des Fußgeherverkehrs durch intelligente Stadtplanung liegen mit einem Minimum an technischen Substitutionsbedürfnissen. Je größer der Anteil technischer Mobilitätsprothesen ist, umso schlechter organisiert ist eine Stadt. Die Elektromobilität der Städte sind der bewährte öffentliche Schienenverkehr, Elektrobusse, Elektrotransportmittel für den Güterverkehr und elektrisch betriebene Gemeinschaftsautos, für die aus den bestehenden Carsharing-Modellen Erfahrungen vorliegen. Diese lassen auch eine quantitative Abschätzung für den zukünftigen Autoanteil an der Gesamtmobilität zu. Je nach Organisationsform gibt es stabile und langjährige Erfahrungen mit Carsharing-Modellen, bei denen sich ein Auto auf 10–30 Personen als optimaler Bereich ergeben hat. Gemessen am heutigen Motorisierungsgrad kann die zukünftige städtische Mobilität mit einem Autoanteil von 6–20 Prozent gestaltet werden und nach einer Phase der räumlichen Umstrukturierung noch weniger. Mit dieser Verkehrs-

und Lebensform schafft man eine Struktur von Gemeinschaftsgaragen oder Gemeinschaftsparkplätzen in einem Umfeld hoher Lebensqualität. Unter diesen Randbedingungen sind über 70 Prozent der heutigen Straßenräume autofrei und werden wieder zu Lebensräumen, in die die Vielfalt städtischen Lebens zurückkehren kann. Dass die Menschen bereits heute diese Chance wahrgenommen haben, zeigt sich an der Bevölkerungszunahme der Wiener Innenbezirke, in denen seit 2002 über 9.000 Personen zugezogen sind und der Autobestand um 3.000 Fahrzeuge abgenommen hat. Entfernt man das Auto aus der Stadt, wird sie als Lebensraum für Menschen attraktiv, und wieder – wie auch in der Vergangenheit – sind die Menschen klüger als die Planer und die Politik und begreifen das, was die Wissenschaft seit Jahrzehnten erkannt hat, schneller als jene, die das Denken zugunsten stadtzerstörerischer Vorschriften aufgegeben haben oder sich hinter Richtlinien, die sie verständnislos gegen das Leben der Stadt und der Menschen einsetzen, verstecken. E-Mobility und sogenannte Smart Cities entsprechen nicht dem, was man heute darunter zu verstehen glaubt – nämlich die elektronische Aufrüstung grundsätzlich falscher Systeme und die Unterstützung grundsätzlich falscher Strukturen durch noch mehr IT. Elektromobilität wäre, wie hier beschrieben, eine Chance, 100 Jahre geistiges Nachhinken in Stadt- und Verkehrsplanung aufzuholen und an jene Zukunft zu denken, die realistischerweise mit einem Bruchteil an physischer Mobilität auskommen wird müssen, aber einen weit höheren Anteil geistiger Mobilität als in den Zeiten des Überflusses externer fossiler Energie benötigen wird.

MOBILITÄTSKONZEPTE FÜR MODERNE STÄDTE

MAG.ᴬ BARBARA MUHR
HOLDING GRAZ

Ein Duett aus Mobilität und erneuerbaren Energien

Internationale Erfahrungen und Vergleiche zeigen, dass Investitionen in moderne Mobilitätskonzepte Hand in Hand gehen mit Investitionen in erneuerbare Energien. Diese entfalten ihr gesellschaftliches und ökonomisches Potenzial am besten durch lokale und regionale Initiativen.

Für Gemeinden und Städte steht dieses Duett aus Mobilität und erneuerbaren Energien daher seit einigen Jahren ganz oben auf der Tagesordnung und ist bereits Bestandteil ihrer Corporate Identity geworden.

Vom Klimawandel zum Sinneswandel

Für Stadtwerke und kommunale Dienstleistungsunternehmen wie die Holding Graz ergibt sich angesichts dieses gesellschaftspolitischen Kontextes die logische Aufgabe, Initiativen zu setzen, wenn es um das Schaffen und Leben regionaler Wirtschaftskreisläufe geht.

Die große Herausforderung dabei ist: Wie kann es gelingen, mit den von der Bevölkerung als selbstverständlich wahrgenommenen Dienstleistungen und Produkten, wie zum Beispiel dem Öffentlichen Verkehr oder erneuerbaren Energien, Bewusstseinsbildung zu erzeugen, die angesichts des Klimawandels letztlich notwendige Verhaltensänderungen bewirkt? Als privatwirtschaftlich geführte Unternehmen der öffentlichen Hand sind kommunale Dienstleistungsunternehmen zum einen aufgrund ihrer Infrastruktur und ihres Know-hows prädestiniert für den Ausbau eigener Anlagen zur Gewinnung von Strom, Wärme und Treibstoffen aus erneuerbaren Energien. Zum anderen sind sie mehr denn je dabei, sich zu vertriebs- und serviceorientierten Umweltunternehmen zu entwickeln, die kundInnenenorientiert zeitgemäße und nachhaltige Produkte anbieten.

So wird der öffentliche Personennahverkehr als Haupt-Energieverbraucher gleichzeitig zum Vorreiter bei alternativen Antriebssystemen und innovativen Mobilitätskonzepten.

Neue Mobilitätsformen im Großraum Graz nehmen Fahrt auf

Mit der Entscheidung des Klima- und Energiefonds wurde der Großraum Graz zu einer der acht geförderten Modellregionen für Elektromobilität in Österreich. Nach dem intensiven Aufbau der gesellschaftsrechtlichen und organisatorischen Strukturen ist die Betreibergesellschaft „e-mobility Graz GmbH", die sich aus den drei Gesellschaftern Holding Graz, Energie Graz und Energie Steiermark zusammensetzt, in der „Modellregion Graz und Umgebung" Ende 2011 aktiv geworden. Für das öffentliche Verständnis ist es den drei PartnerInnen dabei wichtig, zu betonen, dass es sich bei der Modellregion um eine Versuchsregion handelt, in der verschiedene Tests gemeinsam mit Unternehmen initiiert werden. So betreibt die „e-mobility Graz

BARBARA MUHR

GmbH" etwa mit internationalen Großveranstaltungen wie der jährlichen „e-mobility conference" und laufenden Forschungsprojekten Bewusstseinsbildung und forciert das Marketing von Dienstleistungen für das Anschaffen bzw. das Vermieten/den Verkauf von E-Fahrzeugen. Mittlerweile haben die GesellschafterInnen, allen voran die Holding Graz, auch begonnen, ihren Fuhrpark sukzessive umzustellen. Elektroautos werden dafür in allen Bereichen eingesetzt. Bis 2014 werden etwa allein in der Holding Graz rund 100 Elektroautos im Einsatz sein.

E-Mobilität und I-Mobilität

E-Mobilität ist auch I-Mobilität, also intelligente Mobilität, die mittels kombinierter Mobilitätsprodukte die Antwort auf die unterschiedlichen Bedürfnisse und Wahlfreiheiten bei den Verkehrsmitteln der NutzerInnen gibt. Die intelligente Kombination aus öffentlichem Verkehr, Elektrorädern und herkömmlichen Rädern steht im Vordergrund. Dazu müssen im Gleichschritt auch die Kommunikationsnetze ausgebaut werden, denn Voraussetzung für moderne Mobilität ist vernetzte Mobilität.

Die Betreibergesellschaft e-mobility hat gemeinsam mit den Graz Linien bereits erste Aktivitäten in diese Richtung gesetzt: Ein e-mobiler Shuttledienst zwischen dem Zentrum der Stadt und dem Flughafen Graz hat erstmalig Elektromobilität mit den Tickets der Graz Linien verbunden, um so den ÖV-KundInnen einen Benefit in Form von Preisvorteilen zu gewähren.

Kombinationsprodukte aus ÖV und Elektromobilität

Eines der Ziele der „Modellregion Graz und Umgebung" ist es, das Mobilitätsverhalten der BürgerInnen zu verändern und durch kombinierte Produkte Alternativen zum eigenen Privatfahrzeug zu schaffen. „Nutzen statt besitzen" lautet das Schlagwort der Gegenwart und Zukunft zum Thema „eigenes Auto". Mit Leasing-Angeboten für E-Autos und den Kombi-Modellen wie z. B. „Elektrorad und Graz Linien-Jahreskarte" werden erste Produkte angeboten. Mit einem eigenen „mobility center" direkt neben dem Mobilitäts- und Vertriebscenter der Graz Linien ist es gelungen, ein Center für Elektromobilität zu schaffen. Dort gibt es neben zahlreichen Informationen rund um die Elektromobilität verschiedene Produkte, die vor Ort getestet, geliehen oder gekauft werden können. Vom einstündigen Kurztrip E-(S)Pass bis zur dauerhaften Nutzung erfährt man dort die Vorteile moderner (Elektro-)Mobilität. Die unmittelbare Nähe zum Mobilitäts- und Vertriebscenter der Graz Linien macht es zusätzlich möglich, Interessierten intelligente Kombinationsprodukte als kostengünstige und ökologisch nachhaltige Alternative zum eigenen Privatfahrzeug anzubieten.

Multimodale Mobilität im Rahmen eines Umweltverbundes

Übergeordnetes Ziel beim Engagement rund um eine moderne Mobilität in Graz ist das Vernetzen der unterschiedlichen städtischen Verkehrssysteme. Grundlage ist das Einführen und in weiterer Folge konsequente Umsetzen kombinierter multimodaler Mobilitätsdienstleistungen: Dazu gehören das gezielte Nutzen von Autos bzw. der

BARBARA MUHR

Einsatz von Elektrofahrzeugen, öffentlichen Verkehrsmitteln und Leihradsystemen, die möglichst aus einer Hand vernetzt und kombinierbar sind. Der Großraum Graz sollte die Initialzündung für eine moderne Mobilität über die Grenzen der Stadt hinaus sein, um sanfte und nachhaltige Mobilität vorzuleben. Eine zentrale Rolle kommt bei diesem Thema generell den Verkehrsverbünden zu, die sich rasch von klassischen ÖV-Verbünden zu Mobilitätsverbünden und letztlich Umweltverbünden entwickeln sollten.

Dafür Strategien zu erarbeiten und die einzelnen Verkehrsunternehmen auf ihrem Weg zu modernen MobilitätsanbieterInnen zu unterstützen, sollten strategisch zeitgemäße Aufgaben von Verkehrsverbünden sein.

Nachhaltige Mobilität ist Generationenthema

Insbesondere jüngere Menschen interessieren sich bereits verstärkt für ein flexibles und nachhaltiges Nutzen von Verkehrsmitteln. Sie bekennen sich zum ÖV und greifen immer häufiger auf diverse Verleihsysteme zu, statt ein eigenes Auto zu besitzen. Deshalb braucht es sogar ein länderübergreifendes öffentliches und vernetztes Mobilitätssystem, das simpel strukturiert und im Idealfall aus einer Hand zu beziehen ist. Städte- und länderübergreifende Ticket- bzw. Tarifsysteme wären ein Gebot der Stunde. Für diese Veränderungen und Herausforderungen bedarf es umso mehr des proaktiven und koordinierenden Einsatzes der einzelnen Verkehrsverbünde. Voraussetzung dafür ist auch, dass Elektromobilität nicht länger als Konkurrenz für den ÖV und als Ersatztechnologie für den herkömmlichen PKW angesehen wird, sondern als Teil einer multimodalen Mobilitätskette verstanden und integriert wird. Sie sollte als Asset für die ÖV-NutzerInnen eingesetzt werden, um ihre Stärken auch ausspielen zu können. Elektromobilität ermöglicht bei gleichzeitigem Optimieren des gesamten regionalen Verkehrssystems also einen Systemwechsel, der Schritt für Schritt zu vollziehen ist.

Urbane Mobilität aus städtebaulicher Sicht

Alle Bemühungen rund um nachhaltige Mobilität und erneuerbare Energien sollten und müssten Hand in Hand gehen mit städtebaulichen Maßnahmen. In Graz zeigt sich dies zum Beispiel mit dem zukunftsweisenden „Smart City-Projekt Graz-Mitte". Ein Konsortium aus 14 PartnerInnen unter Federführung der Stadt Graz und intensiver Mitarbeit der Holding Graz zog dafür im Frühjahr 2012 eine 4,2 Millionen Euro hohe Förderung des Bundes aus dem Klima- und Energiefonds an Land. Mit dieser Unterstützung für innovative Energietechnologien und moderne Mobilität bei zukunftsfähigen Stadtentwicklungsprojekten soll westlich des Grazer Hauptbahnhofs ein energieoptimierter Stadtteil entstehen. Bereits vor der Entscheidung für diesen wegweisenden Stadtteil wurden in Grazer Einzelprojekten innovative Ansätze entwickelt: So wird im „GeidorfCenter" den BewohnerInnen bereits umweltfreundliche Energieversorgung und E-Mobilität geboten. Aus den Photovoltaikanlagen auf dem Dach der Wohnanlage fließt Strom aus erneuerbaren Energien direkt in die Wohnungen bzw. zum E-Fahrzeug in die Tiefgarage. Auf verschiedenen Etagen stehen Ladestellen zur Verfügung und ermöglichen das Nutzen zeitgemäßer (Elektro-) Mobilität.

VIELE KLEINE SCHRITTE ZUR ELEKTROMOBILITÄT

WOLFGANG BACHMAYER
OGM GESELLSCHAFT FÜR MARKETING

Bei der Akzeptanz von privater Elektromobilität scheiden sich die Geister: Während die Politik im Umstieg auf Elektroautos großes Potenzial sieht, hält sich die Euphorie am heimischen Markt noch deutlich in Grenzen. Tatsächlich sind Österreichs KonsumentInnen von einem Auto-Elektroantriebs-Hype noch weit entfernt.

Aktuell bewegen sich auf den heimischen Straßen etwa 1.100 zugelassene E-Autos. Davon sind geschätzte 80 bis 90 Prozent kommunale oder berufsmäßige Anmeldungen, kaum jedoch private Nutzer. Elektroautos werden von den ÖsterreicherInnen nicht als annehmbare Alternative wahrgenommen. Selbst Pioniere und Early Adapters halten sich ein modernes Elektroauto als Dritt- oder Viertfahrzeug, vertrauen aber nach wie vor zusätzlich auf Benzin- oder Dieselantrieb. Ein Umstand, der insgesamt die Frage nach dem heimischen Autobestand aufwirft.

Derzeit nehmen Autobesitz und Autozulassungen in Österreich weiter zu, weil die „private Autoflotte" um Elektroautos ergänzt und nicht ersetzt wird. Nur im urbanen Raum kommt es dank gut ausgebautem öffentlichem Verkehrsnetz bestenfalls zu einer Stagnation und noch zu keinem tatsächlichen Rückgang der Auto-Zulassungen.

Die Beziehung des Menschen zum Auto als Kernmedium der persönlichen mobilen Freiheit ist in Österreich ambivalent. Meinungsumfragen können in diesem Zusammenhang nur mit großer Vorsicht zu Rate gezogen werden. Selbstverständlich sind die meisten Befragten für eine Senkung der CO_2-Emissionen und für mehr Klimaschutz, viele geben sogar an, ihr Auto weniger nutzen zu wollen, aber in der Realität sieht das ganz anders aus.

Dagegen manifestiert sich die Meinung der KonsumentInnen in sozialen Netzwerken wesentlich ehrlicher, wenn es um das brisante Thema Parkpickerl in Wien geht. Im Glauben, anonym zu sein, äußern sich User von Facebook, Twitter und Co sehr viel offener und klarer als bei „klassischen" Umfragemethoden. Kein Wiener Lokalthema hat in diesem Jahr so viel Aufregung verursacht wie die geplante Ausweitung der Parkzonen.

Wir müssen uns den realen Tatsachen stellen, dass es zahlreicher kleiner Schritte bedarf, bis ein echtes Umdenken stattfinden wird und erst unsere Kinder und Kindeskinder als KonsumentInnen für alternative oder Elektroautos in Frage kommen werden.

Aber die Elektromobilität ist ja nicht der einzige Baustein auf dem Weg in eine moderne, menschengerechte Mobilität, da gibt es viele andere Schritte davor, von denen manche schon begonnen wurden. Wien liegt in puncto sanfter Mobilität dank sehr gut ausgebautem öffentlichem Verkehrsnetz im Vergleich zu München, Berlin oder Hamburg nicht so schlecht. Deutlich im Steigen begriffen sind der Radverkehr und insbesondere Carsharing-Modelle, die bei Wiens EinwohnerInnen auf recht gute Akzeptanz stoßen. Das gilt vor allem für Wien und einige andere größere Städte, natürlich ist die Situation im ländlichen Raum eine ganz andere. Der Schlüssel auf dem Weg zu einer sanfteren urbanen Mobilität ist aber eine stärkere Vernetzung aller vorhandenen Mobilitätsangebote.

WOLFGANG BACHMAYER

Intelligentes Mobilitätsmanagement betrifft nämlich nicht nur die verschiedenen Verkehrsformen, sondern bezieht auch ganz andere Konsumbereiche mit ein wie Freizeit-, Kultur- und Bildungsangebote.

Hier wäre ein großer Wurf angebracht, z.B. in Form von zeitgemäßen, integrierten Card-Systemen, mit denen nicht nur die Verkehrssysteme genutzt werden können, sondern die Menschen auch parken oder ins Museum oder Schwimmbad gehen können oder vielleicht Rabatte beim Einkauf bekommen.

Diese Intermodalität wird durch die heutigen modernen Handyapplikationen unterstützt, jeder könnte damit ganz flexibel seine eigenen Mobilitätsformen kombinieren aus individuellem und öffentlichem Personenverkehr wie Park and ride, Park and rail oder Bike and ride. Dieses Kombinieren von verschiedenen Mobilitätsformen müsste mehr forciert werden, weil die Menschen damit an alternative Verkehrsmittel herangeführt werden.

Fazit: Probieren bedeutet akzeptieren. Das gilt sowohl für alternative Mobilitätsformen wie Öffis, Rad, Sharing und Fußwege als auch für alternative Antriebstechniken wie die E-Mobilität.

VERRINGERN VON TREIBHAUS-GASEN IM STRASSENVERKEHR

DIETRICH LEIHS PHD
KAPSCH TRAFFICCOM AG

Bei der Zielsetzung, Treibhausgasemissionen im Straßenverkehr zu verringern stehen Städten eine Vielzahl an Maßnahmen zur Verfügung, wie etwa Meinungsbildung, Ausbildung, Schaffen von P&R, Umstellen des ÖPNV auf CO_2-neutrale Antriebe, das Fördern von Rad- und Fußgängerverkehr oder auch Verkehrsmanagementmaßnahmen wie beispielsweise grüne Wellen oder Verkehrsberuhigungsmaßnahmen wie allgemeine Geschwindigkeitsbegrenzungen oder Zonenmanagement. Welche dieser Maßnahmen ist die zielführendste? Wahrscheinlich gibt es keine Einzelmaßnahme, mit der die bestehenden verkehrlichen Treibhausgasziele erreicht werden können, allerdings lohnt ein Blick auf die mit Umweltzonen gemachten Erfahrungen, die die Richtung in einen effektiven und effizienten Übergang weisen.

Die Luftqualitätsrichtlinie [1] bewirkte, dass saubere Luft ein Bürgerrecht wurde. Städte und Gemeinden reagierten, innerhalb weniger Jahre wurden in ganz Europa mehr als 160 Umweltzonen eingerichtet, noch mehr werden folgen. Die Zufahrtsreglements sind unterschiedlich. Meistens ist die Schadstoffklasse des Fahrzeugs mit dem Fokus auf Feinstaub der Gegenstand des Reglements, manchmal wird auch die Fahrzeugklasse mitberücksichtigt und gelegentlich wird beides verbunden. Mit der Ausnahme einzelner bemauteter Zonen bestehen zumeist Fahrverbote.

Trotz der Verpflichtung der Mitgliedsstaaten, die Treibhausgasemissionen zu verringern, wurde bislang noch keine Zone eingerichtet, deren Zielsetzung das Verringern von CO_2 ist. Die öffentliche Wahrnehmung ist hinsichtlich Treibhausgasen und Luftschadstoffen offensichtlich identisch, vor allem was den Autoverkehr als Quelle anlangt. Es liegt daher nahe, auch die Wirkmechanismen von Instrumenten der Nachfragesteuerung – was Umweltzonen ja sind – zu betrachten.

Die Erfahrung mit Umweltzonen

Die rund 160 europäischen Umweltzonen können folgendermaßen unterteilt werden:

	Fahrverbot	Gebühr
Alle Fahrzeuge	Das Fahrverbot gilt für alle Fahrzeuge (privat und gewerblich) unter einer bestimmten Schadstoffklasse.	Die Zufahrt ist für alle Fahrzeuge durch Entrichten einer Gebühr möglich, deren Höhe sich nach der Schadstoffklasse richtet.
LKW	Das Fahrverbot gilt nur für LKW unter einer bestimmten Schadstoffklasse.	Nur LKW müssen zum Zufahren eine Gebühr entrichten, deren Höhe sich nach der Schadstoffklasse richtet.

Theoretisch bieten schadstoffklassenabhängige Fahrverbote die Möglichkeit einer sofortigen Verringerung von Emissionen, allerdings geht dem für manche eine drastische Verhaltensänderung voraus, etwa indem ein neues Fahrzeug angeschafft wird oder auf den ÖPNV umgestiegen wird. Gilt ein Fahrverbot nur für LKWs und wird dieses elektronisch überwacht, so können Schadstoffimmissionen nachweislich verringert werden. In den niederländischen Umweltzonen etwa wurde ein deutlich höherer Anteil an Euro-4- und Euro-5-Fahrzeugen erreicht als außerhalb, was eine Verringerung von NO_2 von $-0,2 \ldots -1,1$ µg/m³ und für PM10 von $-0,1 \ldots -0,6$ µg/m³ bewirkte [2]. Fahrverbote für alle Fahrzeuge und somit auch für private PKWs hingegen verfehlen mit einer hohen Wahrscheinlichkeit die Zielsetzung, das Mobilitätsverhalten nachhaltig zu verändern. Da Fahrzeuge, die ab nun von der Zufahrt ausgeschlossen werden, praktisch wertlos sind, entsteht regelmäßig eine Debatte über die Unangemessenheit der Maßnahme, die von der Diskussion über die ökologischen Gründe der Maßnahme und die Notwendigkeit von Verhaltensänderungen vollständig ablenkt. Ausnahmeregelungen und lange Einführungsphasen, mit denen die Folgen gelindert werden sollen, kompromittieren das Potenzial einer schnellen Luftverbesserung. In der Folge bleiben die Zonen eher klein, um bei strengen Grenzwerten die Zahl der Betroffenen gering zu halten, wodurch ebenfalls der Nutzen nur gering ausfällt. In der Regel werden diese Umstände von Interessenverbänden aufgegriffen, wodurch die Wirksamkeit von Umweltzonen in der Öffentlichkeit infrage gestellt wird.

Eine Gebühr hingegen verspricht einen sanfteren Umstieg und eine nachhaltigere Verhaltensänderung, da die betroffenen Fahrzeuge nicht gänzlich vom Verkehr ausgeschlossen werden. Die Betroffenen können sich entsprechend den individuellen Fähigkeiten und Notwendigkeiten an die veränderten Umstände anpassen. Die Londoner Umweltzone mit ihren 1.500 km² [3] gilt nur für LKWs. Lastfahrzeuge müssen eine Tagesgebühr von 200 £ (100 £ für Klein-LKW und Busse) bezahlen, wenn ihre Schadstoffklasse nicht den Mindestanforderungen entspricht. In der Folge entsprach nahezu die ganze Fahrzeugflotte den Mindeststandards. In Bezug auf CO_2 konnten ebenfalls Verbesserungen beobachtet werden, da modernere und treibstoffsparsamere Fahrzeuge eingesetzt werden, die Zone zielt allerdings nicht explizit auf CO_2 ab. Eine Benutzungsgebühr kann aber auch auf PKWs angewendet werden, wie etwa in Mailand, wo sich die Höhe der Gebühr nach der Schadstoffklasse richtet [4]. Bis Dezember 2011 mussten Fahrzeuge mit der schlechtesten Schadstoffklasse 10 € bezahlen, Fahrzeuge mit höheren Klassen 5 € oder 2 €, und die modernsten Fahrzeuge hatten freie Zufahrt. Seit Jänner 2012 müssen alle Fahrzeuge bezahlen. Im ersten Jahr nach der Einführung verringerte sich der Anteil an Fahrzeugen mit niedrigen Schadstoffklassen um 56,7 %. Die Schadstoffimmission wurde rasch besser, die Effekte konnten sogar außerhalb der Zone gemessen werden. CO_2 wurde schließlich um 9 % verringert [5].

Einführung von Low-Carbon-Zonen?

Umweltzonen mit Fahrverboten sind als Maßnahme zur Verringerung von Treibhausgasen nicht geeignet, da die Fahrverbote digital wirken: Ein Fahrzeug darf einfahren oder nicht, denn es wären lange Übergangsphasen erforderlich und der politische Konsens würde mit einer Übergangsphase enden, die nahe der natürlichen Flottenerneuerung liegt. Dies wiederum würde die bestehenden Reduktionszielsetzungen nicht erfüllen wie etwa das Weißpapier für Verkehr, das eine Halbierung der Zahl der Treibhausgase produzierenden Privatfahrzeuge in Städten bis 2030 vorsieht [6]. Anhand der Erfahrungen mit gebührenpflichtigen Umweltzonen muss allerdings festgestellt werden, dass diese tatsächlich eine starke Alternative sind.

Bei den bestehenden gebührenpflichtigen Umweltzonen wurde eine Verkehrsverringerung und folglich eine Verringerung des CO_2-Ausstoßes erreicht. Die bereits erwähnte Mailänder Umweltzone erfreute sich eines Verkehrsrückgangs von täglich 98.000 auf 87.000 Fahrzeuge, ohne dass ein Fahrzeug ausgeschlossen wurde. Wie sieht allerdings der Übergang von einer konventionellen Umweltzone auf eine

Low-Carbon-Zone aus? Die öffentliche Wahrnehmung ist bei Treibhausgasen offensichtlich identisch mit jener bei Schadstoffen: Beides – CO_2 und Schadstoffe (PM, NO_x etc.) – wird als schädlicher Bestandteil in der Luft wahrgenommen. Somit kann mit denselben Argumenten eine Low-Carbon-Zone eingeführt oder eine bestehende umgewandelt werden. Allerdings haben die meisten Bürger äußerst wenig Hintergrundwissen über die Zusammenhänge in dieser wahlentscheidenden Fragestellung.

Eine öffentliche Meinungsbildung ist äußerst wichtig, um den Informationsstand in der Allgemeinheit zu festigen. Sind die Informationen vereinfacht, widersprüchlich oder irritierend, würde jede Maßnahme in der Umsetzung mangels Akzeptanz scheitern. In Mailand beispielsweise wurde die Fragestellung auf „Der Verschmutzer zahlt" vereinfacht und es konnte auch keine breite Zustimmung erreicht werden [7]. Ein gut vorbereiteter und durchgeführter Meinungsbildungsprozess ist in allen Projektphasen und auf allen Ebenen extrem wichtig.

Können nun gebührenpflichtige Umweltzonen in eine Low-Carbon-Zone umgewandelt werden? Die Analyse der ersten Monate nach Einführung der Mailänder Umweltzone brachte zwei wichtige Tatsachen zutage [5]: Die Zahl der am stärksten die Luft verschmutzenden Fahrzeuge konnten im ersten Jahr um 56,7 % verringert werden. Hinsichtlich Treibhausgasen war diese Verringerung allerdings nicht nachhaltig, da die alten Autos durch neue Euro-4 & 5-Fahrzeuge ersetzt wurden. Weiters wurde die Verkehrsstärke im ersten Jahr um 5 Millionen Fahrten verringert, während gleichzeitig 35 Millionen zusätzliche ÖPNV-Fahrten getätigt wurden. Es wurden sowohl zusätzliche ÖPNF-Fahrzeuge angeschafft als auch die Taktfrequenz erhöht. Damit ergeben sich die folgenden Schlussfolgerungen:

› Eine Gebühr für Emittenten ist durchaus in der Lage, einen Anreiz für signifikante Verhaltensänderungen zu geben. Reisende nehmen in der Folge durchaus öfter den ÖPNV in Anspruch, und es ist ein Anreiz zur Flottenerneuerung.
› Die Nachhaltigkeit der Verhaltensänderung hängt vom gewählten Zufahrtskriterium ab. Werden Treibhausgase explizit Bestandteil des Zufahrtskriteriums, so kann selektiv ein Beitrag zur Dekarbonisierung von Städten geleistet werden.
› Eine wichtige Voraussetzung für die erfolgreiche Einführung ist ein konsensualer Entscheidungsprozess, dem eine aktive und auf Tatsachen beruhende öffentliche Meinungsbildung und Informationskampagne vorausgeht.

QUELLEN

[1] Richtlinie 2008/50/EC des Europäischen Parlaments und des Rates vom 21. Mai 2008 über Luftqualität und saubere Luft für Europa
[2] DHV B.V., „Een jaar milieuzones vrachtverkeer – Effectstudie" (Studie über die Effekte der Niederländischen Umweltzonen), Oktober 2008
[3] Transport for London: London Low Emission Zone, Impacts Monitoring, Baseline Report July 2008
[4] Mailänder Umweltzone: www.comune.milano.it/dseserver/ecopass/index.html
[5] Comune di Milano: Monitoraggio Ecopass, Gennaio – Dicembre 2008, Gennaio – Dicembre 2009, Gennaio – Giugno 2010
[6] European Commission: Commission Staff Working Document, accompanying the White Paper, SEC(2011) 391, March 28th, 2011
[7] Tageszeitung „La Repubblica", 10. Februar 2008

INTELLIGENTE LÖSUNGEN FÜR DIE LUFTFAHRT: WIR HABEN KEINEN STECKER OBEN IM HIMMEL

PROF. KR MARIO REHULKA
PRÄSIDENT DES ÖSTERREICHISCHEN LUFTFAHRTVERBANDES

Die Mobilität nimmt zu

Mobilität ist eines der Grundbedürfnisse unserer Menschheit und war und ist einer der Grundfaktoren des Zivilisationswachstums. Transport hängt ab von Innovation, Konstruktion, Forschungsentwicklung, Infrastruktur, Markt-Akzeptanz, und besonders der Luftverkehr hat immer neue Verkehrsmöglichkeiten initiiert.

Heutzutage sitzen auf der Welt pro Tag 7,6 Millionen Fluggäste im Flugzeug. Und die Weltbevölkerung wächst. Bis 2050, sagen Experten, werden 70 Prozent der Weltbevölkerung in Städten leben. Moderne Technologien sind der Schlüsselfaktor für ein erfolgreiches Management von Verkehrsfaktoren.

Auch der Lufttransport wird in den kommenden Jahren auf weltweiter Basis um 5 Prozent pro Jahr wachsen. Das heißt, dass sich die Passagieranzahl in 20 Jahren von heute 2,8 Milliarden Fluggästen auf das Doppelte erhöhen wird; bis 2050 könnten es jährlich 16 Milliarden Passagiere sein. In der Luftverkehrswirtschaft müssen daher die neuesten Technologien, verbunden mit modernstem Verkehrsmanagement, angewendet werden, um Lösungen auf Basis intelligenter und intermodaler Vernetzung zu finden. Die Menschen sollen im Transport ihre Ziele schneller und umweltschonender erreichen.

MARIO REHULKA

Flugzeuge sind ein schnelles und effizientes Transportmittel. Hohe Sicherheitsstandards prägen die Luftfahrtindustrie. Darüber hinaus ist die zivile Luftfahrt wichtiger Bestandteil der ökonomischen, soziologischen und ökologischen Entwicklung unseres Planeten.

Weltverbindende Vorteile des Luftverkehrs

Die Luftfahrt ist das sicherste und effizienteste Verkehrsmittel unseres Planeten. Über größere Entfernungen und geographische Hindernisse gibt es keine alternativen Transportmittel. Sie bietet den Menschen dieser Welt Reisefreiheit und erleichtert den Austausch von kulturellen und pädagogischen Erfahrungen. Die Luftfahrtbranche trägt zur Verbesserung des Lebensstandards und zur Verringerung der Armut bei, beispielsweise durch den Tourismus.

Die Luftverkehrswirtschaft ist eine vitale Komponente der Weltwirtschaft und mit schätzungsweise 2.200 Milliarden US$ an der Wirtschaftstätigkeit dieser Welt beteiligt. Die jährliche Güterbeförderung von 48,5 Millionen Tonnen entspricht einem Wert von 5.300 Milliarden US$ – das ist mehr als ein Drittel des Welthandelswertes. 25 Prozent der Umsätze aller Unternehmen hängen vom Luftverkehr ab, 57 Millionen Arbeitsplätze sind involviert.

Das Umweltprofil des Transportsektors

Laut einer Prognose des International Panel on Climate Change der Vereinten Nationen verursacht der Flugverkehr 2 Prozent der weltweiten CO_2-Emissionen aus der Nutzung fossiler Brennstoffe. Diese Zahl könnte bis 2050 auf 3 Prozent ansteigen.

Der Verkehr ist in seiner Gesamtheit für 13 Prozent der globalen Treibhausgasemissionen verantwortlich, ebenso viel wie die Landwirtschaft und etwas weniger als die Energieerzeugung und die Bodennutzung.

Die Luftfahrt hat einen Anteil von 12 Prozent an den CO_2-Emissionen aller Verkehrsmittel – verglichen mit einem 74-prozentigen Anteil des Straßenverkehrs. Der europäische Luftverkehr produziert 0,5 Prozent der weltweiten CO_2-Emissionen. 80 Prozent der Treibhausgasemissionen des Luftverkehrs stammen von Passagierflügen auf Strecken von mehr als 1.500 km, für die es keine praktische Alternative gibt. Derzeit werden aufgrund ineffizienter Infrastrukturen weltweit pro Jahr 73 Millionen Tonnen CO_2 verschwendet.

Effizienzverbesserungen im Luftverkehr

Der Luftverkehr belastet durch Lärm-, Schadstoff- und Treibhausgasemissionen die natürliche Umwelt. Heute neu eingeführte Luftfahrzeuge haben einen um 70 Prozent sparsameren Kraftstoffverbrauch als vor 40 Jahren eingesetzte Modelle. Der Treib-

MARIO REHULKA

stoffverbrauch des Flugbetriebs konnte allein in den letzten 10 Jahren um 14 Prozent reduziert werden, obwohl sich Passagierzahl und Güterbeförderung vervielfacht haben. Moderne Flugzeuge erzielen im Schnitt einen Kraftstoffverbrauch von 3,5 Litern pro 100 Passagierkilometer. Die Maschinen der nächsten Generation (Airbus A380, Airbus A320 NEO, Boeing 787, Boeing 737 MAX) verbrauchen um die 3 Liter pro 100 Passagierkilometer und sind damit effizienter als jeder auf dem Markt verfügbare moderne Kleinwagen.

Geringerer Treibstoffverbrauch bringt weniger Emissionen und Lärm. Dank der neuen Technologien im Triebwerksbau sind die heutigen Flugzeuge um 50 Prozent leiser als vor 10 Jahren. Die Lärmentwicklung heute neu eingeführter Luftfahrzeuge ist um 20 Dezibel geringer als die vergleichbaren Modelle vor 40 Jahren. Man rechnet damit, dass bis 2020 eine weitere Lärmminderung um 50 Prozent möglich sein wird.

Auch der Ausstoß von Stickoxiden – entscheidend für die lokale Luftqualität – konnte seit 1991 um 50 Prozent verringert werden. Die lokale Luftqualität in Flughafenbereichen wird bis 2020 um 80 Prozent bei NO_x-Emissionen reduziert.

Ein verantwortungsbewusstes, fünfjähriges Mediationsverfahren des Flughafens Wien führte zu einvernehmlichen Lösungen, um die Belastungen der Bevölkerung zu reduzieren. Die Flugsicherungen haben die Höhenabstände der Flugstraßen halbiert, sodass mehr Flugkapazitäten abgewickelt werden können.

Vom 15. Juli bis 27. Dezember 2011 flog im Rahmen des Forschungsprojektes burnFAIR ein Lufthansa-Airbus A321 flugplanmäßig 6-mal täglich zwischen Hamburg und Frankfurt. Ein Triebwerk des Flugzeugs wurde zu 50 Prozent – der aktuellen Höchstbeimischgrenze – mit biosynthetischem Kerosin betrieben. Hauptziel dieses Langzeitversuchs war es, Erfahrungen im Umgang mit Biokerosin zu sammeln und langfristige Messdaten zu erheben.

Austrian Airlines haben beispielsweise Winglets auf den Flügeln ihrer Flugzeuge einbauen lassen, die den Treibstoffverbrauch und die Emissionen um 5 Prozent verringern. Zusätzlich wurden neue, leichtere Sitze in der Mittelstreckenflotte eingebaut, was zu einer Einsparung von 1.650 Tonnen Kerosin im Jahr geführt hat. Angemessene Treibstoffreserven und optimale Beladung der Flugzeuge fördern zusätzlich das Kerosin sparende Fliegen.

Weitere Beispiele: Sonnenenergie für den Flughafen-Salzburg-Terminal, betrieblicher Umweltschutz bei allen Luftfahrtbetrieben, operationelle und technische Verbesserungen.

Die Zukunft – die 4-Säulen-Strategie für den Klimaschutz

Die Treibstoffkosten sind heute der größte Einzelposten unter den operativen Aufwendungen der Fluglinien; sie erreichen ein Rekordniveau von 35 Prozent. Derart

MARIO REHULKA

hohe Kraftstoffkosten geben der Flugindustrie einen umso stärkeren Anreiz, moderne Luftfahrzeuge einzusetzen und den technologischen Fortschritt zu beschleunigen, Flugrouten zu verkürzen und durch Kapazitätserweiterungen die Überlastung von Flughäfen zu vermeiden. Vorbildliche Betriebsverfahren werden implementiert und eine weitere Verringerung der CO_2-Emissionen wird durch die schrittweise Einführung alternativer Kraftstoffe aktiv untersucht.

Bis 2020 wird von der Luftfahrtindustrie eine weitere Treibstoffreduktion von 25 Prozent angestrebt, um damit auch die Emissionen drastisch zu senken, obwohl der Flugverkehr weltweit ungebremst zulegt. Bis 2050 sollen dann laut IATA im Vergleich zu 2005 die Netto-CO_2-Emissionen um die Hälfte (auf 320 Millionen Tonnen) vermindert werden.

Die gesamte Industrie – Hersteller, Flughäfen, Fluglinien, Flugsicherungen, Zulieferer – arbeitet an der Reduktion der Umwelteinflüsse, um diese Vision mit einer 4-Säulen-Strategie umzusetzen:

› Investitionen in neue Technologien bei Flugzeug- und Triebwerksbau
› Verbesserungen der betrieblichen und operativen Effizienzen
› Erstellen und Verwendung verbesserter Infrastrukturen am Boden und am Himmel
› Schaffung positiver globaler wirtschaftlicher Instrumente zur Emissionsreduzierung, wie emissionsabhängige Flughafenentgelte

Die Implementierung des Single European Sky würde bedeutende Verbesserungen des Flugverkehrsmanagements mit sich bringen, die zu Effizienzgewinnen von 6–12 Prozent führen könnten. Ein Effizienzgewinn von 1 Prozent spart im europäischen Flugverkehr jährlich bis zu 500.000 Tonnen Treibstoff. Künftige Verbesserungen im Flugbetrieb (Rollfeldfahrten, Gewichtsreduzierung etc.) können den Kraftstoffverbrauch zusätzlich um 2 bis 6 Prozent senken.

Flughafenbetreiber und Fluggesellschaften drängen Regierungen und Kommunalbehörden, mehr umweltfreundliche Verkehrsverbindungen zu Flughäfen – wie beispielsweise per Zug oder U-Bahn – bereitzustellen. Derzeit werden Brennstoffzellensysteme als Ersatz für die Hilfsenergieaggregate (APUs) an Bord der Maschinen (Verringerungen bis 75 %) und umweltschonenderes Ground Service Equipment entwickelt.

Alternative Treibstoffe

Für die kommenden Jahrzehnte ist kein alternativer Antrieb für Flugzeuge in Sicht. Batterien für Elektroantriebe sind zu schwer, Wasserstoff ist zu gefährlich, Solarantrieb nur etwas für Experimentalflugzeuge.

Eine Schlüsselrolle spielt der Treibstoff auf pflanzlicher Basis – schon vor mehreren Jahren haben Fluglinien mit ersten Tests mit Kerosin und Biotreibstoff begonnen.

MARIO REHULKA

Letzterer wurde vor allem auf Basis von Camelina (Leindotter/80%), der in den Tropen und Subtropen beheimateten Jatropha (15%) und tierischen Fetten aus Schlachtabfällen (5%) hergestellt. Laut Lufthansa Technik spricht nichts gegen Biosprit: Biokerosin ist beim Schadstoffausstoß im Vergleich zu marktüblichem Kerosin mindestens gleichwertig, die Klimabelastung jedoch geringer.

Industrie-Partnerschaften: Gemeinsam und intelligent heißt die Devise

Neben dem Hauptthema der Sicherheit im Luftverkehr sind besonders die politisch Verantwortlichen bei der Umsetzung der Bewältigung des Transportvolumens und der Pläne für den Klimaschutz und die Nachhaltigkeit gefragt. Unter Berücksichtigung des Mobilitätszuwachses sind vernetzte, intelligente Verkehrssysteme, liberale Abkommen und globale Entscheidungen für den Klimaschutz notwendig.

Effizienter Verkehr erfordert auch die optimale Vernetzung der Verkehrsträger. Darum unterstützten Fluglinien – wo es ökologisch und ökonomisch sinnvoll ist – entsprechende Maßnahmen. Ein erfolgreiches Projekt ist beispielsweise AIRail.

AUTOINDUSTRIE UND ANTRIEBSTECHNIK

DAS ELEKTROAUTO: EIN FALL FÜR EXPERIMENTELLE MARKTFORSCHUNG

PROF. DR. FERDINAND DUDENHÖFFER,
LEONI BUSSMANN UND KATHRIN DUDENHÖFFER
CAR – CENTER AUTOMOTIVE RESEARCH,
UNIVERSITÄT DUISBURG-ESSEN

Nahezu alle bisherigen Umfragen zur Kaufbereitschaft von Elektroautos ergaben eine unbedeutende Nachfrage. Befragt wurden potenzielle Autokäufer, die aber noch nie ein Elektroauto gefahren sind. In einem Experiment haben wir gezeigt, dass Produkte mit Technologiesprüngen auch in der Marktforschung einen eigenen Ansatz brauchen.

Hätte man im Jahr 2006 Handynutzer gefragt, ob sie sich vorstellen können, ein Handy für mehr als 500 Euro zu kaufen, wäre die Antwort mehr als klar gewesen. Kein Interesse – denn Handys waren damals zum Preis ab 50 Euro im Markt. Im Jahr 2007 kam Apple mit dem iPhone und über Nacht waren die Ergebnisse der Standard-Marktforschung Makulatur. Bis Ende 2011 hat Apple 146 Millionen iPhone-Geräte verkauft. Die Standard-Marktforschung schätzt die Nachfrage bei Technologiesprungprodukten falsch ein, da die Kunden die Produkte nicht kennen und somit die Nutzungsintention und das Nutzungspotenzial nicht abschätzen können.

Dies war die Ausgangssituation zum bisher größten Experiment am CAR-Institut der Universität Duisburg-Essen. Über einen Zeitraum von drei Monaten wurde in einer Experimentsituation mit 226 repräsentativ ausgewählten Personen das Verhalten gegenüber Elektrofahrzeugen untersucht. Dem Experiment gingen die Einschätzung von Meinungsmachern, sprich Journalisten, zum Elektroauto sowie ein Vor-Experiment voraus, in welchem 14 nach Alter und Geschlecht ausgewählte Autofahrer jeweils eine Woche Elektrofahrzeuge nutzten. Dieser Pre-Test war notwendig, um sicherzustellen, dass beim Groß-Experiment die richtigen Fragen gestellt werden. Da Einschätzungen zum Elektroauto heute überwiegend aus Medienberichten resultieren, wurden zunächst Meinungen von Journalisten zum Elektroauto abgefragt. Insgesamt 18 Journalisten meinungsprägender Medien beteiligten sich an der Umfrage und nahezu alle von ihnen kannten Elektroautos durch eigene Erfahrungen. Ergebnis: Journalisten stehen der Elektromobilität eher skeptisch gegenüber. Die Bereitschaft, ein Elektroauto zu kaufen, war gering, wobei der Preis das größte Hindernis darstellt. Die Infrastruktur der Ladestellen und die Ladezeiten gelten als weitere Schwächen. Die Befragten gehen davon aus, dass sich Elektroautos nur sehr langsam im Markt entwickeln.

Beim Experiment wurden aus 878 Interessenten 226 Testpersonen ausgewählt. Die Auswahl bildet repräsentativ den Autofahrer in Deutschland (zwischen 18 und 90 Jahren) ab. Die Testpersonen durchliefen ein mehrstündiges dreistufiges Experiment. In der ersten Stufe wurde die Akzeptanz und Kaufbereitschaft von Elektroautos abgefragt, ohne zuvor zu informieren. In der zweiten Stufe des Experiments fuhr jede Testperson drei unterschiedliche Elektrofahrzeuge. Die Fahrten dauerten 20 bis 30 Minuten und beinhalteten auch eine Autobahnfahrt. Zusätzlich erprobte jede Testperson auch die Ladevorgänge. Nach dem umfangreichen Programm zum Kennenlernen der Elektrofahrzeuge wurden die Testpersonen in der dritten Stufe des Experiments gebeten, den Eingangsfragebogen nochmals auszufüllen.

Als Testfahrzeuge standen sechs Serienfahrzeuge zur Verfügung, darunter Batterie-Elektrische Fahrzeuge (BEV), ein Plug-in-Hybrid und ein Elektroauto mit Range Extender. Zusätzlich gehörten Serienfahrzeuge dazu, die auf Elektroantrieb (BEV) umgebaut wurden. Da Elektrofahrzeuge durchaus als führerscheinpflichtige E-Bikes, E-Roller oder als eine Art zweisitziger E-Kabinenroller à la Opel Rak e oder Volkswagen (VW) Nils vorstellbar sind, wurden darüber hinaus ein Konzeptfahrzeug

FERDINAND DUDENHÖFFER
LEONI BUSSMANN
KATHRIN DUDENHÖFFER

(SAM II) sowie ein E-Bike und ein Hybridroller in die Elektrofahrzeugflotte aufgenommen. Die Resultate des dreimonatigen Experiments stehen im deutlichen Widerspruch zu solchen aus bekannten reinen Umfragestudien:

Die Ergebnisse zeigen ein hohes Interesse für Elektrofahrzeuge. Nach absolvierten Testfahrten votierten 14 Prozent der Testpersonen für das reine batteriegetriebene Elektroauto (BEV) und 24 Prozent für Range Extender à la Opel Ampera und Plug-in-Hybride à la Toyota Prius Plug-in. Obgleich Range-Extender-Konzepte und Plug-in-Hybride von der Technik her unterschiedlich sind, werden die Gruppen aus Vereinfachungsgründen als „Range Extender" zusammengefasst. Insgesamt zeugt dies von einer hohen Kaufbereitschaft, die fast an Apple-Produkte erinnert.

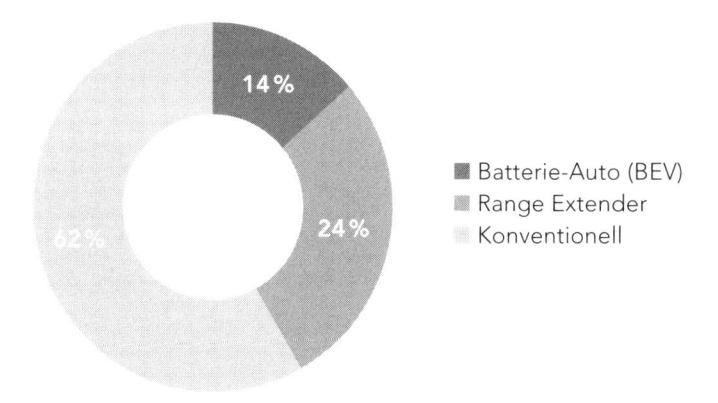

Kaufabsicht nach intensiven Testfahrten

- Batterie-Auto (BEV): 14%
- Range Extender: 24%
- Konventionell: 62%

Zentrales Ergebnis des CAR-Experiments mit 226 Testpersonen: Das Interesse an Elektrofahrzeugen ist hoch. Für ein solches Auto bekundeten 38 Prozent der Testfahrer ihre Kaufabsicht.

Auf kein Kundeninteresse stoßen in Deutschland lediglich Konzepte wie VW Nils, Opel Rak e oder Renault Twizy und überschaubar bleibt das Interesse an Kleinstwagen mit nur zwei Sitzplätzen à la Smart (Micro-Car). Nur zwei Prozent der repräsentativen Gruppe der Testpersonen kann sich mit einem Micro-Car als Batterie-Elektrisches Fahrzeug (BEV 110 km) oder Range Extender mit 20 Kilometer elektrischer Reichweite (Range Extender 20 km) anfreunden. Die Interessenten für Micro-Cars sind überwiegend Frauen (63%), die fast alle auch über einen privaten Parkplatz mit Steckdose verfügen (85%) und unterdurchschnittlich kurze tägliche Wegstrecken von 27 Kilometern im Mittel fahren. Den Kauf eines Kleinwagens mit Elektroantrieb können sich zwölf Prozent der repräsentativen Testgruppe – und damit ein sehr hoher Anteil – vorstellen. Beim Kleinwagen spielt das Batterie-Elektrische Fahrzeug mit 110 Kilometer Reichweite (BEV 110 km) die Hauptrolle, das sieben Prozent der Testpersonen kaufen würden. Das Fahrzeug ist überwiegend als Zweitwagen für die Stadt geplant. Fünf Prozent würden den elektrischen Kleinwagen als Range Extender mit 50 Kilometer elektrischer Reichweite (Range Extender 50 km) bevorzugen, wobei das Hauptkaufargument der Alltagsnutzen ohne Reichweitenbegrenzung ist. Der Kleinwagen dient hier überwiegend als Erstfahrzeug.

Eine Kaufabsicht für einen elektrisch betriebenen Kompaktwagen à la Opel Ampera, Nissan Leaf, Mercedes A-Klasse oder im VW-Golf-Format hegen 23 Prozent aller Testpersonen. Besonders ausgeprägt bei den Kompaktwagen ist der Range Extender mit 50 Kilometer elektrischer Reichweite (50 km). Das Angebot eines Plug-in-Hybriden oder Elektroautos mit Reichweitenverlängerung erfüllt die Mobilitätsbedürfnisse von immerhin 13 Prozent aller Testpersonen. Daraus lässt sich schließen, dass bei elektrischen Kompaktfahrzeugen in jedem Falle der Plug-in/Range Extender auf das meiste Kundeninteresse trifft. Die am stärksten präferierte Karosserieform ist dabei der Kombi.

FERDINAND DUDENHÖFFER
LEONI BUSSMANN
KATHRIN DUDENHÖFFER

Kaufabsicht nach ausgiebigem Testfahren (N = 226)

	2-Sitzer (wie Motorrad)	Micro-Car (2-Sitzer wie Smart)	Klein-wagen	Kompakt-wagen	TOTAL
BEV 110 km	0%	1%	7%	6%	14%
Range Extender 20 km	0%	1%	0%	3%	4%
Range Extender 50 km	0%	0%	5%	13%	19%
Range Extender 80 km	0%	0%	0%	1%	2%
Konventionell/ k.A.	1%	5%	22%	34%	62%
TOTAL	1%	7%	34%	57%	100%

QUELLE: CAR UNIVERSITÄT DUISBURG-ESSEN

Erläuterungen:

BEV 110: Batterie-Elektrisches Fahrzeug mit 110 Kilometer Reichweite

Range Extender 20 km: Plug-in-Hybrid oder Range-Extender-Elektroauto mit 20 km elektrischer Reichweite

Range Extender 50 km: Plug-in-Hybrid oder Range-Extender-Elektroauto mit 50 km elektrischer Reichweite

Range Extender 80 km: Plug-in-Hybrid oder Range-Extender-Elektroauto mit 80 km elektrischer Reichweite

Die Kaufabsicht korrespondiert aber auch mit dem Fahrzeugpreis. Der reine Batterie-Elektrische-Kompaktwagen (BEV 110 km) wurde beim Experiment mit einem Aufpreis gegenüber dem konventionell angetriebenen Kompaktwagen von 5.000 Euro angesetzt. Das Gleiche gilt für den BEV 110 km Kleinwagen oder Kleinstwagen (Micro-Car).

Die Preise dürften die Preisstruktur um das Jahr 2015 abbilden. Die heutigen elektrischen Kleinwagen wie beispielsweise Citroën C-Zero oder Mitsubishi i-MiEV liegen mit einem Preis von 36.000 Euro deutlich über dieser Grenze. Realistisch dürfte sich der Preis für den Smart ED entwickeln, der für 2012 mit 24.000 Euro angekündigt wurde. Die Reichweite ist nicht der entscheidende Parameter, wie das Experiment belegt. Danach lässt sich mit 110 km Reichweite – die allerdings im Sommer und Winter gegeben sein sollten – „sehr gut leben", wenn eine passable Aufpreisstrategie mitangeboten wird.

Das Experiment unterstreicht somit, dass mit den heutigen Aufpreisen à la Mitsubishi i-MiEV kein Durchbruch des Batterie-Elektrischen Autos erwartet werden kann. Ähnliches gilt für den Kompaktwagen Nissan Leaf, der in der Einschätzung der Testpersonen zwar sehr positiv bewertet wurde, allerdings mit seinem heutigen Preis von 37.000 Euro doch deutlich über den Zahlungsbereitschaften der Testgruppe lag. 20 Prozent der Kaufinteressierten würden sogar bei einem Preisabschlag von 3.000 Euro auf 30 Kilometer Reichweite verzichten, sprich mit 80 km beim BEV und 20 km beim Range Extender zufrieden sein.

Somit ist es für Autobauer sinnvoll, eher mit überschaubaren Batteriegrößen und Reichweiten in den Markt zu gehen. In einer Art Aufpreisliste lassen sich dann Kundenwünsche für größere Reichweiten, sprich Batterien, abdecken.

Bleibt die Frage nach der Ladeinfrastruktur: Wie bereits im Projekt colognEmobil der Partner Ford, Rheinenergie, Universität Duisburg-Essen und Stadt Köln festgestellt wurde, zeigt sich auch in diesem Experiment mit 226 repräsentativ ausgewählten Autotestern, dass die Ladeinfrastruktur zwar wichtig ist, aber oft in ihrer Bedeutung überschätzt wird. Zwei Drittel der Experimentteilnehmer verfügen über eine private Lademöglichkeit. Damit ist es möglich, mit dem Elektroauto im Markt zu starten ohne zuvor eine flächendeckende Ladeinfrastruktur aufgebaut zu haben.

Welche Schlussfolgerungen lassen sich nun aber für die Umsetzung der Elektromobilität in Deutschland ziehen?

FERDINAND DUDENHÖFFER
LEONI BUSSMANN
KATHRIN DUDENHÖFFER

Das CAR-Experiment zeigt, dass die Testgruppe nach Testfahrten sehr euphorisch auf Elektroautos reagiert hat. 71 Prozent aller Testpersonen haben nach den Fahrten sowie Einweisungen in die Stromlademöglichkeiten in anonymen Befragungen angegeben, beim nächsten Autokauf Elektroautos mitzuberücksichtigen. Dies ist ein sehr hoher Wert, der die Bedeutung von Produkttests bei der Umsetzung der Elektromobilität belegt. 23 Prozent der Befragten gaben an, in vier Jahren bei einer Kaufentscheidung Elektroautos mitzuberücksichtigen, wohingegen nur sechs Prozent bei anonymer Abstimmung mitteilten, Elektroautos nie bei einer Kaufentscheidung zu berücksichtigen.

  Berichterstattungen über Elektromobilität hatten im Vorfeld bei den Testpersonen eher eine negative Einstellung gegenüber der Elektromobilität erzeugt. Das beste Argument für das Elektroauto ist das Produkt – fast so ähnlich wie beim Apple iPhone. Die Hoffnung, dass Interessierte zu einem Autohändler gehen und sich im Vorfeld bei Testfahrten von Elektroautos überzeugen, ist allerdings gering. Erstens gibt es im Handel heute so gut wie keine Elektroautos und zweitens mögen viele nicht in einem Bittstellungsverfahren beim Autohändler um einen Schlüssel dafür anhalten. Schon die Befürchtung, mit Telefonnummer in der Verkäuferdatei zu landen und dann permanent nette Anrufe zu erhalten, schreckt ab.

  Der Schlüssel zur Elektromobilität ist die Neugierde der Autofahrer, Neues ohne Verpflichtung kennenzulernen. Deshalb war es in kürzester Zeit möglich, nach einer regionalen Information über Fernsehsender und einer über auflagenstarke Zeitungen so viele Interessenten zu erreichen.

  Um Elektromobilität flächendeckend umzusetzen, braucht es vor allem die Möglichkeit, die Autofahrer unverbindlich sowie unkompliziert mit der neuen Technik vertraut zu machen. Dazu gibt es kein besseres Instrument als Carsharing. Das vorgestellte Experiment hat gezeigt, dass dann das Elektroauto ganz „für sich" spricht.

ERFOLGREICHE LÖSUNGEN FÜR SMART COMPANIES UND SMART CITIES

DR. ALEXANDER MARTINOWSKY
WIESENTHAL & CO AG

Wiesenthal & Co AG

Wiesenthal ist ein international tätiges Automobilhandels- und -dienstleistungsunternehmen. Wir bieten hochqualitative Leistungen aus einer Hand für die Marken Mercedes-Benz und smart, Citroën, aber auch andere ausgewählte PKW- und LKW-Marken an. Heute sind wir als 1960 gegründetes Familienunternehmen ein renommierter Konzern, der gemeinsam mit etwa 2.400 Mitarbeitern (davon 940 in Österreich) seine Full-Service-Angebote an 49 Standorten in Europa und den USA zur Verfügung stellt.

Unser Handeln wird durch das Streben nach „Nachhaltigkeit" bestimmt. Wir sind somit sowohl bei unseren Kunden als auch bei anderen Anspruchsgruppen auf langfristigen Erfolg ausgerichtet:

› Durch Kompetenz, Professionalität und Flexibilität stellen unsere Betriebe die bestmöglichen, individuellen Lösungen für Kunden sicher und bieten immer mehr, als diese erwarten. Genauigkeit, Zuverlässigkeit und volles Engagement sowie offene, ehrliche und zuvorkommende Art sind die Bausteine für den Erfolg des Unternehmens.
› Wir wissen aber auch, dass wir langfristig nur als verantwortungsbewusstes Mitglied der Gesellschaft erfolgreich sein können, in der wir leben. Deshalb überlassen wir die Formulierung von durch Eigeninteressen getriebenen Forderungen gerne anderen und vertreten in der öffentlichen Diskussion Standpunkte, die den Interessen aller Anspruchsgruppen gerecht zu werden versuchen.

ALEXANDER MARTINOWSKY

Wenn wir also hier einige Gedanken zur (Elektro-)Mobilität formulieren, nehmen wir in Kauf, dass vielleicht jene enttäuscht sind, die ein „Autohändlerstatement" erwarten. Dies ist es aber wert, wenn es uns gelingt, einige Entscheidungsträger zum Nachdenken zu bringen und die Diskussion zu versachlichen.

Elektromobilität – vom Hype zur Ernüchterung

Die CO_2-Diskussion des Jahres 2008 hat zu einem nachhaltigen Umdenken der Konsumenten geführt: Der Treibstoffverbrauch der Fahrzeuge ist zu einem bestimmenden, kaufentscheidenden Faktor geworden. Dies ist eminent wichtig, da letztlich immer der Konsument entscheidet, was entwickelt und produziert wird. In diesem Zusammenhang dürfen wir an den VW Lupo erinnern, das erste serienmäßige 3l-Auto der Welt, dessen Produktion vor einigen Jahren mangels Nachfrage eingestellt werden musste. Eine gute Idee zur falschen Zeit ist eben eine schlechte Idee.

Eine ähnliche Situation sehen wir derzeit mit Elektrofahrzeugen: Einem gewaltigen (Medien-) Hype folgt nun die Ernüchterung in Form von nur geringen Zulassungszahlen. Droht hier ein weiteres Lupo-Schicksal?

Hauptverantwortlich für diese Situation ist unserer Ansicht nach eine große Verunsicherung der Konsumenten. Folgende Aspekte gehören beleuchtet:

› **Umwelt:** Leiste ich als umweltbewusster Konsument mit der Nutzung von E-Mobility einen sinnvollen Beitrag zur Ressourcenschonung? Wie wird der Strom für E-Mobility erzeugt? Welche CO_2-Intensität ist für Energieerzeugung nötig? Und kann sichergestellt werden, dass eine „sinnvolle" Energieerzeugung überall gleich emissionsarm funktioniert? Diese Fragen kann der Konsument nicht im Alleingang beantworten!

Die Lösung kann hier nur in fundierten Antworten der Politik als übergeordneter Instanz bestehen. Wenn die forcierte Nutzung von E-Mobility als ökologisch nützlich erachtet und daher gewünscht wird, dann muss das auch klar gesagt und unterstützt werden.

> **Technologie:** Welches Konzept wird sich durchsetzen – Batterie, Hybrid (Range Extender, Plug in, Full) oder die Brennstoffzelle? Dies ist entscheidend für den Konsumenten, um nicht in vier Jahren mit einem unverkäuflichen Fahrzeug (weil falsche Technologie verwendend) dazustehen.

Die Lösung könnte hier in (staatlich) gestützten Leasingprogrammen mit garantiertem Restwert bestehen. Die Risikoübernahme erfolgt durch Dritte, analog der Batterie beim smart, weil dem Konsumenten das Risiko nicht aufgebürdet werden kann.

> **Wirtschaftlichkeit und Convenience:** Die Fahrzeuge werden noch als zu teuer empfunden und haben teilweise zu geringe Reichweiten.

Die Lösung hier liegt auf der Hand: Öffentliche Förderung der Anschaffungskosten und rascher Ausbau der benötigten Infrastruktur.

Fazit: Der Käufer ist derzeit noch nicht bereit, die erheblichen Risiken der Anschaffung eines Elektrofahrzeuges zu tragen. Wenn E-Mobility tatsächlich politisch gewünscht ist (wozu es noch kein klares Bekenntnis gibt), dann muss sie politisch und befristet auch materiell unterstützt werden – sonst droht ein Lupo-Schicksal.

ALEXANDER MARTINOWSKY

Alternativen

E-Mobility wird noch Jahre benötigen, um sich – wenn überhaupt – durchzusetzen und einen spürbaren Beitrag zur lokalen CO_2-Reduktion zu leisten. Selbst dann wird E-Mobility „nur" die lokalen Emissionen und teilweise die Feinstaubbelastung reduzieren. Alle anderen Verkehrsprobleme bleiben ungelöst.

Dennoch kann man auch als Vertreter der Fahrzeugindustrie die Augen vor diesen Problemen nicht verschließen. Wünschen würden wir uns allerdings eine sachliche Diskussion anstelle der derzeit doch stark von Ideologie und „Stimmenfang" geprägten Forderungen.

Worin besteht nun das derzeitige Problem, und was sind die Verursacher? Ist es zu viel Verkehr oder sind es zu hohe Emissionen dieses Verkehrs? Was verursacht das derzeitige Verkehrsaufkommen bzw. die Schadstoffbelastung der Umwelt: Ein- und Auspendler? Parkplatzsuchende? Stockender Verkehr? Zu viele Altfahrzeuge mit schlechten Abgaswerten?

Hat man erst einmal das „Problem" qualitativ und quantitativ verstanden, ergeben sich automatisch Ansatzpunkte zur Lösung. Diese können z. B. sein:

› Reduktion des Individualverkehrs durch intelligente Kombinationslösungen mit öffentlichem Verkehr, Förderung von Carsharing- und Mobilitätsprojekten
› Länderübergreifende Lösungen, zum Beispiel eine Verkehrsanbindung von Niederösterreich an das Wiener U-Bahn-Netz und Bereitstellen von Park & Ride-Anlagen
› Flüssighalten des Verkehrs anstatt Produktion künstlicher Staus (Vermeidung unnötiger Emissionen bei derzeitigem Verkehrsaufkommen)
› Reduktion von Emissionen durch offensive Verschrottungsprämie für ältere Fahrzeuge

Zukunft findet statt

Außer Fahrzeuge und Dienstleistungen anzubieten unterstützt Wiesenthal im Rahmen seiner Möglichkeiten auch urbane, individuelle Mobilitätskonzepte.

Die dritte Generation des Elektro-smart, ein smart e-bike oder die sparsamste Limousine der Oberklasse, der Mercedes-Benz E 300 mit Hybridantrieb, geben einen Vorgeschmack darauf, wohin individuelle Mobilität geht. Sparsam im Umgang mit Ressourcen, aber dennoch nicht auf Leistung, Emotion und Komfort verzichten lautet der Kundenwunsch. Die Rahmenbedingungen werden jetzt schon gelegt, und so hat Wiesenthal bereits eigene Stromtankstellen errichtet und die Werkstätten aufgerüstet, zu multimedialen Servicecentern für den Kundenanspruch von morgen.

Weiters unterstützt Wiesenthal das neue, innovative Mobilitätskonzept der Daimler AG: „car2go". Dieses wird in manchen Städten der Welt bereits elektrisch umgesetzt, in Wien allerdings noch mit herkömmlichem Antrieb, aber nicht weniger beliebt und zukunftsweisend. Mehrere hundert Wiesenthal „smart for two" sind seit vergangenem Jahr im Einsatz für „car2go". Als weltweit erstes Mobilitätsangebot mit maximaler Flexibilität und ohne feste Mietstationen bietet „car2go" seinen Mitgliedern die Möglichkeit, das Auto mit dem Smartphone zu orten, zu mieten und am individuellen Zielort abzustellen. Im fairen Preis von 0,29 Euro/Minute sind Treibstoff, Versicherung, „Parkpickerlgebühr" und Wiesenthal-Service inkludiert. Urbane Mobilität der Zukunft hat einen Namen und den Praxistest bereits nach kurzer Einführungsphase bestanden.

Damit werden wir wohl – das wissen wir natürlich – die Verkehrsprobleme dieser Stadt nicht lösen können. Umso mehr sind wir bereit, an einer sachlichen und problemlösungsorientierten Diskussion über die zukünftigen Mobilitätskonzepte in Wien teilzunehmen.

ALEXANDER MARTINOWSKY

Oben: smart e-drive; unten: Zentrale Wiesenthal (Fotos: Daimler, Wiesenthal)

AUTOS IN MITTEL- UND OSTEUROPA – NOCH NICHT GENÜGEND UNTER STROM

DIPL.-ING. ALEXANDER KAINER
ROLAND BERGER STRATEGY CONSULTANTS

Die Elektromobilität ist einer der zukunftsträchtigsten Geschäftszweige. Bis zum Jahr 2025 nämlich soll die Hälfte der neu zugelassenen Fahrzeuge in Europa einen elektrischen Antrieb haben. Hauptdrahtzieher dafür ist die Europäische Union: Sie will die CO_2-Emissionen bis 2020 um ein Fünftel reduziert sehen.

Doch wen interessiert dieses Ziel tatsächlich? Auf der einen Seite arbeiten Energieversorger an einem grünen Image und wollen damit mehr Umsatz machen. Ihre Hoffnungen liegen auf besseren Speichermöglichkeiten für Strom und auf ausreichenden Kapazitäten des Stromnetzes. Auf der anderen Seite müssen Autobauer an neuen Technologien tüfteln, um künftige EU-Emissionsvorschriften zu erfüllen und der Konkurrenz standhalten zu können. Für Regierungen schließlich lässt sich durch Elektro- oder E-Mobilität die Abhängigkeit vom endlichen Erdöl vermindern, Lebensqualität durch weniger Gestank erhöhen und die lokale Wirtschaft stärken.

E-Mobilität ist in den Köpfen angekommen – aber noch nicht auf der Straße

Die Medien berichten ständig über E-Antrieb und das Bewusstsein in der Bevölkerung ist dementsprechend hoch. Aus den Strategien zahlreicher Kfz-Hersteller ist das Thema nicht mehr wegzudenken und auch Energieversorger räumen der E-Mobilität große Chancen ein. Nicht zuletzt sind Experten und Branchenkenner überzeugt, dass das E-Fahrzeug in spätestens zehn Jahren ein Massenprodukt sein wird.

Trotzdem verbreiten sich E-Autos derzeit noch sehr schleppend. Die Verkaufszahlen liegen weit hinter den Erwartungen zurück, etwa der Absatz des Nissan Leaf oder

ALEXANDER KAINER

des Chevrolet Volt. Dabei sind Kunden durchaus geneigt, E-Fahrzeuge zu kaufen: in Deutschland beispielsweise fast 15 Prozent, wie eine Umfrage ergab.

Für die niedrigen Verkaufszahlen gibt es mehrere Erklärungen. An erster Stelle sind die deutlich höheren Anschaffungskosten zu nennen, die etwa im B-Segment (z. B. VW Golf, Ford Fiesta, Fiat 500) um bis zu 9.000 Euro höher liegen als bei rein benzingetriebenen Fahrzeugen. Ein weiterer, allerdings untergeordneter, Aspekt ist die Bequemlichkeit. Denn E-Autos haben eine geringere Reichweite und das Netz von Ladestellen ist noch sehr lückenhaft. Verbraucherumfragen zufolge sprechen gegen den Kauf eines E-Fahrzeuges außerdem die Angst vor Batteriedefekten und Feuer, wie es sich beim Crashtest des Chevrolet Volt ereignet hat. Die Aspekte sind regional ganz unterschiedlich ausgeprägt: Deutsche sorgen sich insbesondere um die Reichweite, während Chinesen vor allem Batteriedefekte befürchten. Insgesamt muss das E-Fahrzeug attraktiver werden, damit die Verkaufszahlen entsprechend nach oben gehen.

Auf der Straße ankommen – 2020 sollen 18 Prozent der Fahrzeuge in Westeuropa elektrifiziert sein

Laut Prognosen soll die Nachfrage nach elektrifizierten Fahrzeugen (reine E-Fahrzeuge und Plug-in-Hybrid-Fahrzeuge) ab 2015 deutlich steigen. Die Rede ist von mehr als 3,3 Millionen Fahrzeugen und einer Marktdurchdringung von über 18 Prozent in Westeuropa (siehe Abb. 1), wobei der Großteil auf Plug-in-Hybrid-Fahrzeuge entfallen soll. Zurückgeführt wird diese Vorhersage auf folgende vier Entwicklungen:

› Die Total Cost of Ownership (TCO) sinkt. (TCO steht für die Gesamtheit der Kosten einer Investition, die über ihren kompletten Lebenszyklus hinweg anfallen.)
› Die CO_2-Grenzwerte werden gesenkt.
› Die Reichweitenangst verliert an Gewicht.
› Regierungen fördern E-Mobilität stärker.

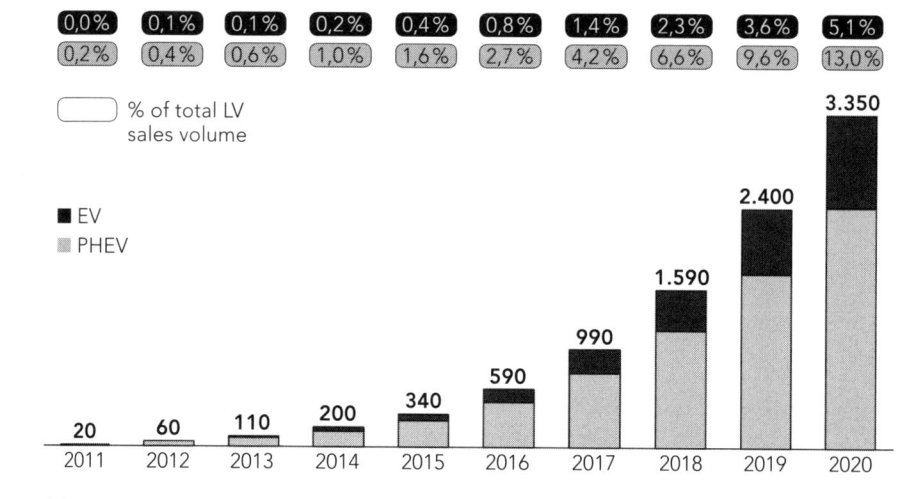

Abb. 1: Prognose für Absatzzahlen [Tsd. Einheiten] und Marktanteile [%] elektrifizierter Fahrzeuge: reine E-Fahrzeuge (EV) und Plug-in-Hybrid-Fahrzeuge (PHEV)

Derzeit liegen die TCOs deutlich über jenen konventioneller Fahrzeuge. Langfristig soll sich das jedoch ändern: 2020 sollen die TCOs rein elektrischer Fahrzeuge im B-Segment um 18 Prozent geringer sein als jene benzingetriebener Fahrzeuge, obwohl mit einem Anstieg des Strompreises gerechnet wird. Die sinkenden Kosten werden vor allem auf (erwartet) deutlich niedrigere Batteriekosten zurückzuführen sein.

Weiteren Rückenwind bekommt die E-Mobilität von strengeren CO_2-Vorschriften. Nur mit elektrifizierten Fahrzeugen im Angebot nämlich werden Autobauer künftige CO_2-Grenzwerte unterschreiten (und damit Strafzahlungen entgehen) und gleichzeitig profitabel bleiben können.

Außerdem haben Befragungen ergeben: Verbraucher sind nicht geneigter, ein E-Fahrzeug zu kaufen, wenn sich die Reichweite batteriebetriebener Autos erhöht. Somit verliert die „Reichweitenangst" als Hindernis für den Kauf an Bedeutung.

Vieles spricht also für einen Anstieg der Verkaufszahlen von E-Fahrzeugen. Daher rechnen Experten mit einer aktiven Teilnahme der großen Autobauer an diesem Hype. Gute Chancen werden dabei vor allem Renault/Nissan und chinesischen Kfz-Herstellern eingeräumt.

Mittel- und Osteuropa hat Aufholbedarf – und Potenzial!

Roland Berger hat die Bereitschaft verschiedener MOE-Länder zur E-Mobilität mit einem „Reife-Index" belegt. Dabei wurden die vier Kernelemente Nachfrage, Angebot, operatives Umfeld und gesetzliche Rahmenbedingungen untersucht und bewertet. Die untersuchten Länder gruppieren sich in „Laggards" („Bummler"), „Followers" („Nachläufer"), „Fast Followers" („Schnelle Nachläufer"), „Leaders" („Anführer") und „Best Practices" („Vorbilder"; siehe Abb. 2). Die Studie ergibt, dass Mittel- und Osteuropa zwar noch weit hinter Westeuropa zurückliegt, aber ein sehr hohes Potenzial für E-Mobilität hat und dass Energieversorger und Autohersteller jetzt Strategien entwickeln müssen, wenn sie von diesem Potenzial profitieren wollen. Prognosen zufolge wird 2025 nämlich ein Viertel aller verkauften Neufahrzeuge in der MOE-Region mit einem Elektroantrieb ausgestattet sein. Das sind mehr als 640.000 Neuzulassungen jährlich.

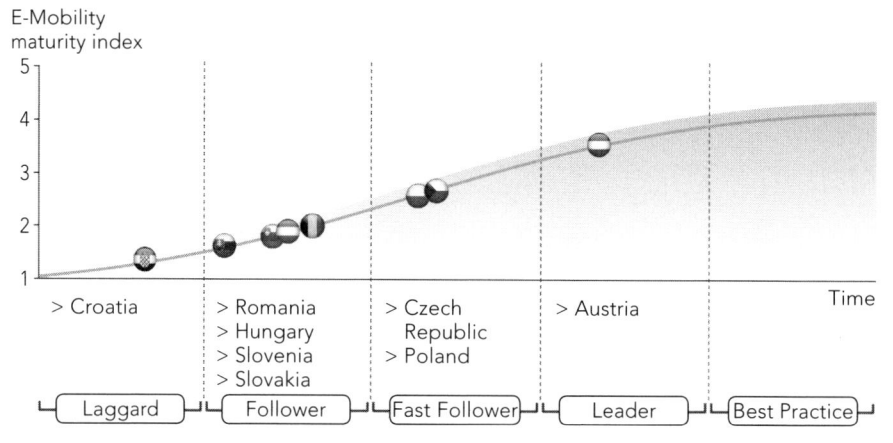

Abb. 2: Positionierung der MOE-Länder auf der „Reifelinie der E-Mobilität"

Derzeit ist die Marktreife der E-Mobilität in den MOE-Ländern noch höchst unterschiedlich ausgeprägt. Österreich gilt als Anführer („Leader"), gefolgt von Tschechien und Polen („Fast Followers"). Dahinter liegen die restlichen untersuchten Länder, welche als „Followers" (Rumänien, Ungarn, Slowenien und Slowakei) und sogar als „Laggard" (Kroatien) eingestuft werden.

Die österreichische Führung in Mittel- und Osteuropa erklärt sich einerseits durch zahlreiche Förderinitiativen von Bund und Gemeinden. Andererseits trägt die intensive Beteiligung großer Energiekonzerne an Pilotprojekten in fünf Modellregionen zur guten Positionierung bei. Überdies kurbeln zahlreiche E-Mobilitäts-Events das

ALEXANDER KAINER

öffentliche Interesse an, wodurch die Nachfrage zusätzlich steigt: Mitte 2011 gab es fast doppelt so viele zugelassene E-Fahrzeuge (600, davon 370 in Pilotprojekten) wie 2010.

In Tschechien und Polen erhöhen ebenfalls E-Mobilitäts-Events das öffentliche Interesse. Der große Unterschied zu Österreich besteht jedoch in der niedrigen staatlichen Förderung und damit im Fehlen einer Strategie.

Das Interesse von Energieversorgern und Autobauern ist in den übrigen Ländern (Rumänien, Slowakei, Slowenien, Ungarn) eher verhalten. Als entsprechend gering erweist sich damit sowohl Angebot als auch Nachfrage. Die Unterschiede zwischen diesen Ländern ergeben sich aus der Gesetzeslage und den operativen Rahmenbedingungen.

Als das hinsichtlich Elektromobilität am wenigsten entwickelte Land erweist sich Kroatien: Hier sind weder das öffentliche Interesse noch die Anzahl entsprechender Events oder die staatlichen Förderinitiativen nennenswert.

Das allgemein sehr positiv bewertete operative Umfeld in MOE lässt auf ein hohes E-Mobilitäts-Potenzial dort schließen und gestattet einen erfreulichen Ausblick. Es ist noch nicht zu spät durchzustarten, denn die heutigen „Laggards" können immer noch die „Leaders" von morgen werden.

Allein geht nichts – Energieversorger, Autobauer und Regierungen müssen eng zusammenarbeiten, um am Aufschwung ab 2015 teilzuhaben

Um die E-Mobilität in der Region voranzutreiben, müssen alle wichtigen Interessengruppen eng kooperieren: Energieversorger, Autobauer und Regierungen. Es sollten

Fachgremien gebildet werden, die Strategien festlegen und entsprechende Maßnahmen zu deren Umsetzung ergreifen bzw. durchsetzen.

Wichtig ist dabei zunächst, das öffentliche Interesse zu schüren und durch Pilotprojekte Wissen zu vermehren (siehe Abb. 3). Außerdem ist vor allem in der Anfangsphase eine umfassende staatliche oder kommunale Förderung entscheidend. Denn ohne Subventionen bleiben die heimischen Märkte bei der Entwicklung elektrischer Antriebe hinter den anderen zurück.

Im Folgenden muss in enger Kooperation mit der Industrie die Infrastruktur und ein Kundenstamm – anfangs im Großkundensegment – aufgebaut werden. Je mehr Konkurrenz auf den Plan tritt, desto wichtiger werden Alleinstellungsmerkmale für die Hersteller. Schließlich sind die Technologien zu vereinheitlichen und entsprechende gesetzliche Rahmenbedingungen aufzustellen.

In einer dritten Phase wird es für die Autobauer darum gehen, Marktanteile – vor allem bei den Endkunden – zu gewinnen. Der Weg zu ihnen führt über den technischen Fortschritt und einen Rückgang der Produktionskosten.

In der letzten Phase ist es das Ziel, das Unternehmen profitabel zu führen, wobei die Produkte laufend verbessert werden müssen (siehe Abb. 3).

Abschließend sei erwähnt, dass die Unsicherheiten zum Verlauf des E-Mobilitäts-Aufschwungs extrem stark sind: Der Hype hängt von zu vielen schwer vorhersehbaren Faktoren ab – vom Ölpreis, vom Tempo technologischer Entwicklungen und von der Großzügigkeit staatlicher Initiativen. Die Frage, ob das Elektromobilitätszeitalter eingeleitet wird, stellt sich jedoch nicht mehr. Vielmehr geht jetzt es um das Wann. Interessengruppen aufgepasst: Haltet mit den laufenden Entwicklungen Schritt, um am künftigen Aufschwung teilzuhaben!

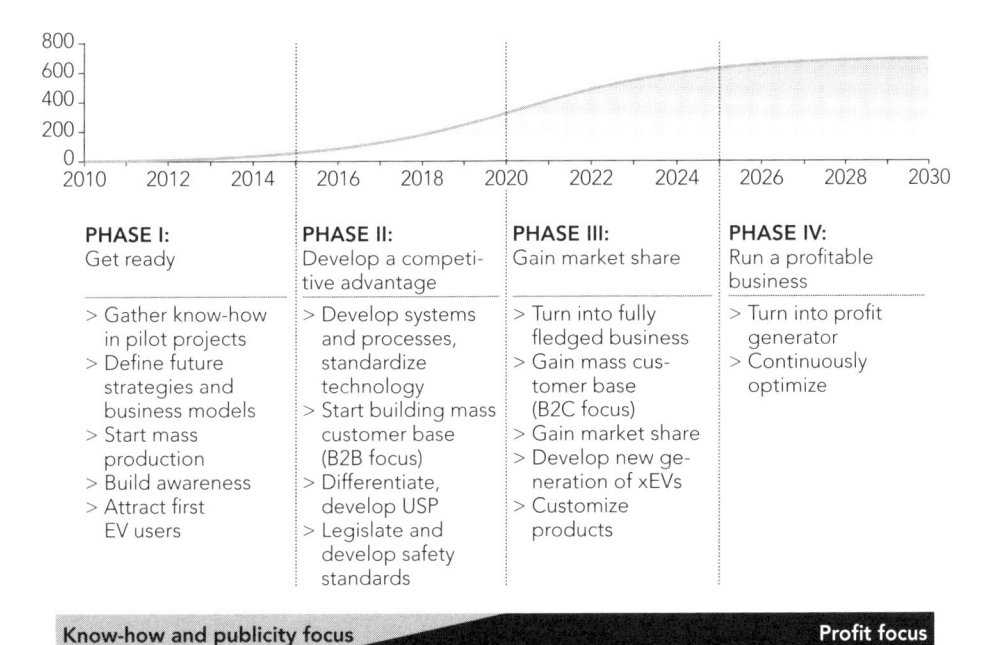

```
800
600
400
200
  0
   2010   2012   2014   2016   2018   2020   2022   2024   2026   2028   2030
```

PHASE I: Get ready	PHASE II: Develop a competitive advantage	PHASE III: Gain market share	PHASE IV: Run a profitable business
> Gather know-how in pilot projects > Define future strategies and business models > Start mass production > Build awareness > Attract first EV users	> Develop systems and processes, standardize technology > Start building mass customer base (B2B focus) > Differentiate, develop USP > Legislate and develop safety standards	> Turn into fully fledged business > Gain mass customer base (B2C focus) > Gain market share > Develop new generation of xEVs > Customize products	> Turn into profit generator > Continuously optimize

Know-how and publicity focus .... **Profit focus**

Abb. 3: Prognostizierte Marktentwicklung elektrifizierter Fahrzeuge (rein elektrische Fahrzeuge und Plug-in-Hybrid-Fahrzeuge) in MOE [Tsd. Einheiten] und Entwicklungsplan in vier Phasen

CO_2- UND SCHADSTOFFREDUKTION
AUTOMOBILINDUSTRIE IM WANDEL

DR. CHRISTIAN PESAU
VERBAND DER ÖSTERREICHISCHEN AUTOMOBILIMPORTEURE

In den letzten 10 Jahren hat die Automobilindustrie über 50 CO_2-reduzierende Technologien in Neufahrzeugen zum Einsatz gebracht. Mittels neu entwickelter, sparsamerer Motorentechnologien, optimierter Aerodynamik und vieler neuer CO_2 einsparender Technologien konnte der durchschnittliche CO_2-Flottenverbrauch in Österreich um 14 % gesenkt werden.

Von Schaltpunktanzeigen, Zylinderabschaltung, Gewichtsreduzierungen durch Leichtbauweise oder optimierter Aerodynamik bis zu neuen, klimafreundlichen Kältemitteln in Klimaanlagen, Reifendruckkontrollsystemen bzw. der Beimengung von Biokraftstoffen, nicht zu vergessen alternative Fahrzeugantriebssysteme, von Start-Stopp-Systemen und Bremsenergie-Rückgewinnung – Stichwort Mildhybrid – bis zum Vollhybrid bzw. neuerdings reinen Elektrofahrzeugen – durch immer neue Innovationen konnte ein durchschnittlicher Flottenverbrauch von derzeit 139 g CO_2/km in Österreich erreicht werden.

Und der Trend setzt sich fort, alle Automobilhersteller investieren weiter in die Entwicklung neuer Technologien zur kontinuierlichen Reduktion der CO_2-Emissionen ihrer Neufahrzeuge. Die nächsten, nachhaltigen Innovationsschritte zur Vermeidung von Treibhausgasen stehen unmittelbar bevor. Denn die CO_2-Emissionen neu zugelassener PKW werden weiterhin rasant sinken: Bis zum Jahr 2020 soll der durchschnittliche CO_2-Flottenverbrauch in der EU bei nur mehr 95 g/km liegen.

Neben den strengen internationalen Abgasbestimmungen durch die Euro-Grenzwerte wurden in den vergangenen Jahrzehnten zahlreiche Maßnahmen zur Senkung der Schadstoffbelastung getroffen. Vor 1985 emittierte der Verkehr rund

CHRISTIAN PESAU

600 Tonnen Blei und mehr als 29.000 Tonnen Schwefeldioxid (SO$_2$) pro Jahr. Durch die Einführung von bleifreiem Benzin (1985) und schwefelfreiem Benzin und Diesel (2004) sind diese Emissionen heute auf „null" reduziert. Seit 1985 wurde der Partikel-Ausstoß eines Diesel-PKW um 99 % verringert. Auch die NO$_x$-Emissionen konnten seit 1990 um über 71 % verringert werden, das entspricht einer Reduktion um nahezu 41.000 Tonnen.

Der Verband der Österreichischen Automobilimporteure tritt dafür ein, dass der PKW nicht immer als alleiniger Umweltsünder herhalten darf. Fakt ist, dass mehr als ein Drittel der in Österreich verursachten CO$_2$-Emissionen aus dem Sektor Verkehr gar nicht im Inland verursacht werden. Unter „Tanktourismus" versteht man das Phänomen, dass PKW-Fahrer auf Grund der Preisunterschiede bei Kraftstoff im jeweils billigeren Nachbarland tanken. Da Österreich seit Jahren ein günstiges Preisniveau bei Treibstoffen hat, ist in grenznahen Gebieten ein reger „Tankverkehr" zu verzeichnen. Allein die Mineralölsteuer-Einnahmen aus dem Tanktourismus in Österreich betragen jährlich etwa eine Milliarde Euro. Ohne Tanktourismus wären die seinerzeit sehr hoch gesteckten Kyoto-Ziele Österreichs im Sektor Verkehr sofort erfüllt worden.

Uns ist wichtig, aufzuzeigen, dass man ruhigen Gewissens ein neues Auto kaufen kann. Wir weisen immer wieder darauf hin, dass ein einziges Fahrzeug Baujahr 1970 etwa gleich viel Emissionen wie 100 Neuwagen produziert!

Fakt ist, dass immer mehr Autos immer weniger Emissionen ausstoßen. Diese positive Trendwende entstand im Wechselspiel von internationalen Normen für Abgase und der Entwicklung neuer, immer effizienterer Motor- und Abgastechnologien. Das wirksamste Mittel zur Senkung der Emissionen ist daher ein Fahrzeug der neuesten Generation. Damit sich der Konsument über die Verbrauchswerte der einzelnen Fahrzeuge informieren kann, haben wir gemeinsam mit dem Lebensministerium und anderen Partnern auf www.autoverbrauch.at eine übersichtliche Plattform geschaffen, auf der die Verbrauchswerte der einzelnen Fahrzeuge zu finden sind und einzelne Modelle auch miteinander verglichen werden können.

Jeder einzelne Bürger kann – durch seine individuelle Fahrweise – zur CO_2-Reduktion beitragen! Weniger Treibstoff-Verbrauch bedeutet weniger CO_2- Ausstoß! Der angenehme Nebeneffekt: bis zu 25% Kostenersparnis. Wir fördern daher gemeinsam mit den Autofahrerclubs, dem Lebensministerium und unseren Mitgliedern Spritsparwettbewerbe, um eine ökonomische und ökologische Fahrweise in den Köpfen der AutofahrerInnen zu verankern.

Wichtig ist es, aufzuzeigen, dass jedes Fahrzeug am Ende seines Lebenszyklus auch umweltgerecht verwertet wird. 85% der Fahrzeugteile werden wieder in die Fahrzeugproduktion rückgeführt oder kommen in anderen Produkten bzw. zur Energiegewinnung zum Einsatz. So sind die rund 8 Millionen Fahrzeuge, die jährlich europaweit recycelt werden, für lediglich 1% des Abfalls in der EU verantwortlich. Der Umgang mit den Ressourcen wird kontinuierlich verbessert: Bis 2015 sollen bereits 95% eines PKW mittels intelligentem Recycling wiederverwertbar gemacht werden.

Fahrzeugsicherheit und die Leistungen der Fahrzeugindustrie auf diesem Gebiet sind ein weiterer Schwerpunkt: Sicherheitsgurt und Airbag waren zweifelsohne Mei-

CHRISTIAN PESAU

lensteine in der Geschichte der automobilen Sicherheitstechnik, ESP- und ABS-Technik gehören heute bereits zum Standard neuer PKW in allen Fahrzeugklassen.

Doch der Fokus geht zunehmend in Richtung aktiver Sicherheitssysteme – sogenannter Fahrassistenz-Systeme –, die helfen, Unfälle zu vermeiden, bevor sie entstehen können: Notbrems- und Totwinkel-Assistent, Sekundenschlaf-Warner, Spurhaltewarner mit Lenkeingriff, Frontkameras mit Verkehrsschild-Erkennung, Müdigkeitswarner oder Head-up-Displays, um den Blick nicht von der Straße nehmen zu müssen – alles ausgereifte, intelligente Sicherheitssysteme, die das Fahren noch entspannter und somit sicherer machen. Fahrerassistenzsysteme verringern die Zahl der Unfälle bzw. mildern deren Schwere ab und können so Menschenleben retten. Zusätzlich reduzieren sie die Schäden und deren Kosten.

Die Fahrzeugindustrie hat in den letzten Jahren Beachtliches auf dem Gebiet des Umweltschutzes, des Komforts und der Fahrzeugsicherheit geleistet. Uns ist daher wichtig, dass individuelle Mobilität leistbar bleibt. Gerade in den Ballungsräumen und großen Städten ist individuelle Mobilität unerlässlich. Dazu gehört ein sinnvolles Miteinander aller Verkehrsträger, somit ein gut ausgebautes Netz an öffentlichen Verkehrsmitteln genauso wie die Nutzung von PKW, Motor- und Fahrrädern sowie Carsharing. Wir vertreten den Standpunkt, dass das Auto nicht ständig fälschlicherweise als Umweltsünder Nr. 1 gebrandmarkt werden soll und die AutofahrerInnen finanziell über Gebühr belastet werden. Überzogene Maßnahmen auf dem Rücken der Autofahrer, die nur der Budgetsanierung dienen, sind abzulehnen. Das Auto nimmt einen zentralen Stellenwert in unserer Gesellschaft ein und ist ein wichtiger Wirtschaftsfaktor.

DIE STEIERMARK WIRD GRÜNER: AUF DEM WEG ZU GREEN CARS & CLEAN MOBILITY

DIPL.-ING. FRANZ LÜCKLER
ACSTYRIA AUTOCLUSTER GMBH

Mit ihrer Strategie „Green Cars – Clean Mobility" verfolgen die 180 Partner des Steirischen Autoclusters ein klares Ziel: Sie wollen den Technologievorsprung der Steiermark weiter ausbauen und die Mobilität der Zukunft mitgestalten.

Die Steiermark war schon immer für innovative Ideen bekannt. Einer der renommiertesten Motorenentwickler der Geschichte stammt aus dem grünen Herzen Österreichs. Hans List hat mit seinen Forschungsarbeiten über Dieselmotoren und Verbrennungskraftmaschinen die Automobilbranche nachhaltig geprägt. Zahlreiche Vordenker und Entwickler stammen aus der Steiermark oder wurden zumindest hier ausgebildet. Die Technische Universität Graz kann man hier wohl mit Recht als Kaderschmiede bezeichnen. Aber auch die FH Joanneum und die Montanuniversität Leoben bilden Jahr für Jahr hoch qualifizierte Fachkräfte für die Automobilbranche aus.

Dieses Know-how wird es letztlich sein, mit dem sich die Steiermark auf dem hart umkämpften automotiven Markt bewähren muss. Wachstum erhoffen sich die Unternehmen derzeit in Brasilien, Russland, Indien und China, die Märkte in Europa hingegen stagnieren. Dazu kommt der Wandel der gesamten Branche in Richtung nachhaltiger und ökologisch verantwortungsvoller Mobilität. Dass es neue Konzepte geben wird, steht fest. Welche sich aber langfristig am Markt durchsetzen werden, steht derzeit

FRANZ LÜCKLER

noch in den Sternen. Elektromobilität in Reinform wird sich im kommenden Jahrzehnt wohl eher nicht etablieren. Ungelöste Schwierigkeiten – Batterietechnik, Reichweite und Sicherheitsfragen – trüben den E-Mobility-Hype der letzten Jahre. Mit unterschiedlichen Mischformen, wie dem Range Extender oder Hybriden, werden sich die Konsumenten erst langsam an die grüne Mobilität heranwagen.

All das sind Herausforderungen für die gesamte Branche und alle darin agierenden Akteure. Der Steirische Autocluster hat die Aufgabe, die heimischen Automobilzulieferer international zu vernetzen, Synergien zu nutzen und unternehmensübergreifende Kooperationen zu initiieren. Dieser Blick über den eigenen Tellerrand wird für die Weiterentwicklung grüner Technologien und die Etablierung neuer Standards entscheidend sein. Mit ihrer Zukunftsstrategie „Green Cars – Clean Mobility" haben die 180 Partner des ACstyria einen wichtigen Schritt in diese Richtung gesetzt.

Die Strategie umfasst drei klar definierte Schwerpunktthemen. Das Ziel, das alle drei verbindet, ist, die Steiermark als automotive Region zu positionieren, in der an innovativen Technologien und Lösungen zur Reduktion der Umweltbelastung der Mobilität gearbeitet wird. Die drei Kernbereiche der neuen strategischen Ausrichtung des ACstyria sind ECO-Powertrains, ECO-Materials und ECO-Design & Smart Production.

Der Bereich ECO-Powertrains umfasst beispielsweise intelligente, elektrifizierte Antriebsstränge. Die EU-Strategie 2020 birgt für neue Antriebskonzepte einige Herausforderungen. Es geht nicht mehr nur um die Optimierung von Verbrennungsmotoren, sondern um ganzheitliche alternative Antriebskonzepte. Ein konkretes Projekt in diesem Bereich ist beispielsweise das Batterieforschungs- und Testcenter, bei dem AVL gemeinsam mit der Technischen Universität Graz und einem Konsortium von innovativen Unternehmen an zukunftsweisenden Batterielösungen arbeitet.

Mit Blick auf den CO_2-Ausstoß eines Fahrzeuges gewinnen Leichtbaumaterialien und damit das Feld der ECO-Materials zunehmend an Bedeutung. Der Einsatz von gänzlich neuen Materialien im Fahrzeugbau setzt auch ein generelles Überdenken des herkömmlichen Entwicklungs- und Produktionsprozesses voraus. Hoher Forschungsbedarf ist auch in diesem Segment vorhanden.

Der dritte Korridor der Strategie „Green Cars – Clean Mobility" betrifft den Bereich ECO-Design und Smart Production und meint damit, einen intelligenten und ganzheitlich durchdachten Produktionsprozess. Nur durch Überlegungen im Bereich „Smart Production" wird sich die Steiermark trotz hoher Personalkosten als Produktionsstandort halten und den Technologievorsprung weiter ausbauen können. Hier werden Untersuchungen im Bereich der Simulation und Planung zuneh-

FRANZ LÜCKLER

mend wichtiger. Mit dem Kompetenzzentrum VIRTUAL VEHICLE betreibt die Steiermark in diesem Bereich ein weltweit einzigartiges Leitprojekt.

In der Wirtschaftsstrategie 2020 des Landes Steiermark ist Mobilität als Leitthema stark verankert. Mit der klaren Ausrichtung des Steirischen Autoclusters und seiner Partnerbetriebe in Richtung nachhaltiger Mobilität wird dieser Strategie Rechnung getragen. Neben der Hauptsäule „Automotive" fasst der ACstyria auch die Bereiche „Aerospace" und „Rail Systems" unter seinem Dach zusammen. Hier gilt es, die vorhandenen Synergien zwischen den einzelnen Branchen bestmöglich zu nützen. Unternehmen, die bisher beispielsweise ausschließlich Zulieferer für den Automobilsektor waren, sollen durch gezielte Qualifizierungsmaßnahmen auch für die Luft- und Raumfahrt fit gemacht werden.

Dass große Herausforderungen auf die gesamte Mobilitätsbranche in den kommenden Jahren zukommen werden, ist unbestritten. Bei der Etablierung neuer Konzepte wird es aber letztlich auf den offenen Dialog ankommen – zwischen einzelnen Ländern, aber auch zwischen den heimischen Unternehmen. Diesen Dialog anzustoßen und zwischen den Partnern zu vermitteln, sieht der ACstyria als seine wesentliche Aufgabe für die kommenden Jahre an.

WIEN ELEKTRO-MOBIL

MAG. WOLFGANG ILLES MBA
WIEN ENERGIE

Die Herausforderungen eines Energiedienstleisters wie Wien Energie, der größte lokale Strom- und Erdgasversorger Österreichs, im Bereich der Elektromobilität sind vielfältig.

Die öffentlichkeitswirksamen und gerne mit dem Henne-Ei-Problem* assoziierten Stromtankstellen können als Spitze eines Eisbergs angesehen werden. Die im breiten Fokus stehenden, sichtbaren Zeichen der nationalen Elektromobilitätsinitiativen bieten ein reichhaltiges Spektrum an wissenschaftlichen Diskussionen und technischen Raffinessen. Ein fehlender international durchgängiger Standard der Stecker-Typen auf Fahrzeugseite liefert zusätzlichen Input in diesem regen und dynamischen Markt. Unterschiedliche Ladekonzepte basierend auf Wechsel- oder Gleichstrom sind für den Endkunden nicht einfach zu durchschauen und sorgen im besten Fall für Interesse, wenn nicht für Skepsis.

Unter dieser offensichtlichen, medialen Wahrnehmungsgrenze werden jedoch Informationssysteme entwickelt, die zukünftig Nutzen für den E-Mobilisten bzw. Ertrag für den E-Mobility-Provider abwerfen sollen. Dabei liefert die Mobilität mit der im Ursprung verhafteten Forderung des grenzüberschreitenden Verkehrs die Notwendigkeit, eine Infrastruktur zu schaffen, die barrierefrei und nicht diskriminierend allen Elektrofahrzeug-Nutzern zur Verfügung steht. Und IKT-Lösungen werden als notwendige, aber gewinnbringende Basis dienen, diese Forderung zu erfüllen.

Gerade ein Ballungsraum wie Wien, das in seinen nächstliegenden Korridoren ein Tagespendleraufkommen von rund 200.000 Personen bewältigen muss,

---

* Anmerkung Henne-Ei-Problem der Elektromobilität: „Gibt es keine Elektroautos, wird die Lade-Infrastruktur nicht ausgebaut; gibt es aber keine Stromtankstellen, wird sich keiner ein Elektrofahrzeug kaufen."

WOLFGANG ILLES

steht vor dieser realen Mobilität, die nicht an den Grenzen der Stadt haltmacht. Insbesondere die große Anzahl von Einpendlern aus dem Süden Wiens, die noch dazu aus über 70 Prozent motorisiertem Individualverkehr besteht, wird bei steigender Durchdringung der Elektromobilität öffentlichen Zugang zu Ladeinfrastruktur erwarten.

In einem grenzüberschreitenden EU-Elektromobilitätsprojekt, genannt „Vibrate" – Vienna Bratislava Electromobility, wird im Rahmen des Programms „Creating the future, Slowakei – Österreich 2007–2013" an einer Informations- und Datenverarbeitungslösung gearbeitet, bei der E-Mobilisten unabhängig von ihrem Energielieferanten die Stromtankstellen nutzen können. Neben einem kaufmännischen bzw. rechtlichen (bilateralen) Roaming sollen insbesondere die technischen Voraussetzungen geschaffen werden, um zwischen den Projektpartnern (u. a. Wien Energie und EVN) eindeutige Datensätze ausfallssicher zwischen den Stromtankstellen und den jeweiligen Back-end-Systemen zu übertragen. Authentifizierungsmöglichkeiten und Systemlösungen orientieren sich an breit akzeptierten internationalen Standards.

Nicht proprietäre oder Insellösungen sollen entstehen, sondern offene, dem aktuellen Stand der Technik entsprechende IKT-Umsetzungen, die den Kunden in den Mittelpunkt der Initiativen stellt. Wien Energie bietet bereits heute seinen Kunden eine berührungslose Mobilitäts-TANK(RFID)-Karte an, die Schlüssel für den Zugang zu einer breiten (semi-)öffentlichen Ladeinfrastruktur ist und zukünftig grenzüberschreitend akzeptiert wird. Damit wird der größte österreichische Energiedienstleister seiner Verantwortung eines nachhaltigen Infrastrukturaufbaus gerecht und bietet der Elektromobilität einen wesentlichen Anschub in Richtung Marktentwicklung.

ERSTER PREIS FÜR PAPER ÜBER MONITORING ELEKTRISCHER MASCHINEN

DR. CHRISTIAN KRAL
AIT AUSTRIAN INSTITUTE OF TECHNOLOGY

Ein IEEE-Fachkomitee der Gesellschaft für Industrielle Anwendungen (IEEE Industrial Applications Society) vergibt alljährlich drei Preise für die besten Papers im Bereich Elektrische Maschinen. Der erste Preis für 2012 geht an Jongman Hong, Doosoo Hyun, Tae-june Kang, and Sang Bin Lee von der Korea University sowie Christian Kral und Anton Haumer vom AIT Austrian Institute of Technology. Der Titel des Papers lautet „Detection and Classification of Rotor Demagnetization and Eccentricity Faults for PM Synchronous Motors" und behandelt zwei Monitoring-Verfahren zur Erkennung von Fehlern in Permanentmagnet-Synchronmaschinen. Das erste Verfahren betrifft die Detektion einer möglichen dauerhaften Entmagnetisierung von Magneten und das zweite Verfahren die Erkennung von Exzentrizitäten des Rotors gegenüber dem Stator der Maschine. Dieses Paper wurde erstmals auf der IEEE ECCE (Energy Conversion Congress & Exposition) in Atlanta in 2011 präsentiert und publiziert. In 2012 wurde dieses Paper außerdem in den IEEE Transactions on Industrial Applications veröffentlicht, einer namhaften internationalen Zeitschrift von hohem Ansehen und wissenschaftlicher Relevanz.

Die beiden entwickelten Monitoring-Verfahren dieser Publikationen gehen auf eine Kooperation der Korea University mit dem AIT Austrian Institute of Technology im Zeitraum 2010 bis 2011 zurück. In diesem Zeitraum war Prof. Sang Bin Lee von der Korea University während seines Sabbaticals zu Gast am AIT Austrian Institute of Technology. In dieser Zeit haben Dr. Christian Kral und Anton Haumer

CHRISTIAN KRAL

intensiv mit Prof. Lee an der Entwicklung neuer Methoden für die Zustandsüberwachung von Permanentmagnet-Synchronmaschinen gearbeitet.

Das Besondere an den entwickelten Methoden ist, dass sie ohne zusätzliche Sensoren auskommen und direkt in ein bestehendes Antriebssystem integriert werden können. Spezielles Augenmerk dieser Anwendungen war dabei die Elektromobilität, wo die Zuverlässigkeit und die Sicherheit elektrischer Antriebe von großer Bedeutung sind. Für die untersuchten Antriebe mit Permanentmagnet-Synchronmaschine wird der Umrichter dazu verwendet, Testsignale in die Maschine einzuprägen. Aus der Reaktion der Maschine auf die Testsignale kann mit guter Genauigkeit bestimmt werden, ob eine dauerhafte Entmagnetisierung der Magnete oder ein mechanisches Problem vorliegt, das sich über die Exzentrizität des Rotors ausdrückt. Dadurch, dass die bestehende Sensorik des Umrichters verwendet und das Test- und Auswerteverfahren direkt in die Steuer- und Regelungseinheit des Antriebes integriert werden kann, sind die entwickelten Verfahren als reine Software-Lösungen implementierbar. Zusätzlicher Hardware-Aufwand ist nicht erforderlich.

Gegenüber herkömmlichen Verfahren zeichnen sich die entwickelten Verfahren durch hohe Genauigkeit und einfache Implementierbarkeit aus. Die Analyse einer möglichen Entmagnetisierung und Exzentrizität kommt während des Stillstands des Antriebs zum Einsatz. Die durchgeführte Analyse ist daher von den jeweiligen Betriebszuständen wie auch von Schwingungen, die während der mechanischen

Belastung auftreten, unabhängig. Die Analyse erfolgt selbstständig auf rein quantitativer Basis und erfordert kein zusätzliches Expertenwissen. Die Kalibrierung der Methoden erfolgt einmalig für alle Maschinen eines bestimmten Typs.

Weitere Monitoring-Methoden, die am AIT Austrian Institute of Technology entwickelt wurden, umfassen:

› Online-Ermittlung der Temperatur der Permanentmagneten von Synchronmaschinen durch Einprägung von Testsignalen
› Online-Ermittlung der Temperaturen des Stators und Rotors basierend auf robusten und vereinfachten thermischen Modellen für Synchron- und Asynchronmaschinen
› Ermittlung von gebrochenen Rotorstäben und Endringen im Käfig von Asynchronmaschinen

Auch diese Methoden sind als reine Software-Lösungen in bestehende Umrichter-Antriebssysteme integrierbar und benötigen keine zusätzlichen Sensoren oder anderweitige Hardware. Alle erwähnten Verfahren bieten für industrielle Anwendungen – insbesondere im Bereich der Elektromobilität – eine kostengünstige Lösung und einen wichtigen Mehrwert bezüglich Sicherheit und Zuverlässigkeit. Beispielhaft können hier die thermischen Modelle erwähnt werden, die Simulationen zur maximalen Ausnützung eines Antriebes ohne Überschreitung zulässiger Grenztemperaturen ermöglichen.

ELEKTROMOBILITÄT – TRENDS, ANFORDERUNGEN UND CHANCEN FÜR DIE ZUKUNFT

DIPL.-ING. ROMAN BARTHA
SIEMENS AG ÖSTERREICH

Urbane Ballungsräume – Chance und Herausforderung

Obwohl heute nur rund die Hälfte der Weltbevölkerung in urbanen Räumen lebt, werden dieser Bevölkerungsgruppe rund 80 Prozent der gesamten Treibhausgasemissionen der Erde zugeschrieben. Diese Tatsache wird durch die fortschreitende Verstädterung – bis 2050 sind 70 Prozent der Menschheit in urbanem Umfeld prognostiziert – dramatisch verschärft.

Auf der anderen Seite sind Städte aufgrund ihrer steigenden ökonomischen Bedeutung die Wachstumsmotoren der Zukunft und bieten damit eine Chance für Entwicklung, Beschäftigung und Wohlstand; schon heute tragen Metropolen wie Paris oder Tokyo erheblich zum GDP der jeweiligen Länder bei – weltweit werden 50 Prozent des GDP in Städten über 450.000 Einwohner erwirtschaftet.

Somit werden die Bedürfnisse von Städten zu den großen Herausforderungen der Zukunft, da das Wachstum die Infrastruktur immer mehr an ihre Grenzen führt. Eine energieeffiziente und nachhaltige Infrastruktur für Gebäude, Verkehr, Energie- und Wasserversorgung ist daher dringend notwendig. Nur so können die Lebensqualität in Städten bewahrt, die Wettbewerbsfähigkeit gesichert und gleichzeitig die natürlichen Ressourcen und die Umwelt geschont werden.

Elektrischer Strom als Rückgrat unseres Energiesystems

Im Zuge der Megatrends Entkarbonisierung und Effizienzerhöhung ist die vollständige Elektrifizierung das Rückgrat unseres zukünftigen Energiesystems. Im Rahmen dieser Trends und der Verknappung fossiler Energieressourcen wird die Elektromobilität ein wesentlicher Baustein, welcher auch den Individualverkehr in den nächsten Jahren massiv verändern wird.

Um für das Gesamtsystem Elektromobilität, beginnend vom Fahrzeug über die intelligente Ladeinfrastruktur und die Einbindung in Smart Grids bis zu Abrechnungssystemen und Verkehrstelematiklösungen, eine wirtschaftliche Basis zu ermöglichen, ist es notwendig, dass übergreifende neue Businessmodelle entstehen. Energie und Mobilität wachsen zusammen und geben zukünftig den Endkunden die Möglichkeit, aktiv den eigenen Energieeinsatz zu optimieren.

Elektromobilität als Motor für erneuerbare Energien

Eingebunden in ein Energiekonzept der Zukunft, das auf erneuerbarer Energie basiert, können elektrisch angetriebene Fahrzeuge zu mobilen und flexiblen Bestandteilen werden. Die Fahrzeuge könnten dabei nicht nur als Fortbewegungsmittel, sondern auch als mobiler Energiespeicher genutzt werden, wenn sie über Ladestationen bidirektional an das öffentliche Stromversorgungsnetz angebunden sind. Weil die

Batterien der Elektroautos zeitlich variabel geladen und entladen werden können, lassen sich die tages- und jahreszeitlich schwankenden Anteile erneuerbarer Energien wie Wind- oder Solarenergie im Netz besser nutzen.

Dieses Konzept unter dem Schlagwort Vehicle to grid (V2G) wird natürlich erst bei entsprechender Durchdringung mit Elektrofahrzeugen wirtschaftlich und technisch interessant – die Entwicklungsarbeiten dazu starten aber schon heute.

Elektroautos im intelligenten Stromnetz der Zukunft

Da Elektroautos als Fortbewegungsmittel und mobile Energiespeicher eine Doppelrolle erfüllen, müssen die Energie- und Kommunikationsschnittstellen zum Energienetz standardisiert werden, damit der schnelle Lade- und Rückspeisungsvorgang netzweit koordiniert ablaufen und abgerechnet werden kann.

E-Autos müssen „überall" eingesteckt/aufgeladen/getankt werden können, daher braucht das Stromnetz Informationen über die unterschiedlichen E-Autos/Verbraucher, die sich flexibel im Netz verteilen – eine Kommunikation zwischen E-Auto und Stromnetz ist notwendig.

Die Siemens-Vision des Smart Grid zielt auf ein neu konzipiertes und verwaltetes Energieversorgungsnetz ab: Der bislang statische Netzbetrieb muss aufgrund vielfältiger neuer Anforderungen eine „lebendige" Infrastruktur werden, die eine flexible, transparente und schnelle gegenseitige Kommunikation zwischen Erzeuger und Verbraucher ermöglicht. Die wesentlichen Treiber hin zu intelligenten Netzbetriebslösungen sind neben der Elektromobilität die Integration dezentraler Eigenerzeugungsanlagen auf Basis regenerativer, energieeffizienter Erzeugung, die Schaffung von Marktplätzen und Stärkung des Handels, die Senkung der Netzbetriebskosten durch bessere Ausnutzung vorhandener Betriebsmittel, die zu erwartende Steigerung des Verbrauchs elektrischer Energie und die Transparenz des Energiekonsums für den Verbraucher.

Informationstechnologie für den Nutzer

Aber nicht nur auf der Energieseite gewinnt die Vernetzung von Informationen immer mehr an Bedeutung. Moderne Verkehrsleitsysteme mit Online-Daten, Plattformen, welche das Mobilitätsbedürfnis der Kunden einfach, schnell und aktuell erfüllen, und verkehrs- und schadstoffabhängige Zufahrtsbeschränkungen für Ballungszentren werden immer mehr unseren Energie-Alltag unterstützen. Die Technologien dafür gibt es vielfach schon in Pilotanwendungen und im Rahmen von F&E-Projekten – nun gilt es, Rahmenbedingungen zu schaffen, die erfolgreiche Businessmodelle hervorbringen und somit einen breiten Einsatz dieser Lösungen ermöglichen.

ROMAN BARTHA

Austrian Mobile Power

Siemens ist Mitgründer der Plattform „Austrian Mobile Power", welche als Verein die Sektoren Automobilindustrie, Technologie, Energieversorger, Anwender und Interessenvertretungen mit dem gemeinsamen Ziel der Förderung und Entwicklung der Elektromobilität in Österreich vereint.

Unter diesem Dach wird gemeinsam mit Vertretern der öffentlichen Hand an einer Roadmap für die Einführung der Elektromobilität in Österreich gearbeitet. Parallel dazu wird im Leuchtturmprojekt EMPORA mit einem Gesamtvolumen von über 25 Millionen Euro – gefördert vom Klima- und Energiefonds – ein wesentlicher Beitrag zur technologischen Entwicklung und Umsetzung der Elektromobilität in den Teilbereichen Fahrzeug, Infrastruktur und Nutzer geleistet.

Gemeinsames Ziel ist es, bis 2020 Rahmenbedingungen für 250.000 Elektrofahrzeuge auf Österreichs Straßen zu schaffen und hier einen neuen Markt und zusätzliche Wertschöpfung in und aus Österreich zu generieren.

EINE BEWERTUNGSMETHODE FÜR BATTERIE-ALTERUNGSTESTS IN AUTOMOBILEN ANWENDUNGEN

DR. MARKUS EINHORN
AIT AUSTRIAN INSTITUTE OF TECHNOLOGY

Der Alterungsprozess einer Batteriezelle wird von mehreren Variablen wie z. B. Zeit, Temperatur, Strom und Ladezustand (SOC*) beeinflusst. Wenn das Alterungsverhalten einer Batteriezelle untersucht wird, sind mehrere Tests für eine längere Zeit unter verschiedenen Bedingungen erforderlich. Für die Untersuchung des Alterungsverhaltens einer Batteriezelle kann jedoch aufgrund begrenzt verfügbarer Ressourcen (z. B. Prüfmittel und Zeit) typischerweise nur eine begrenzte Anzahl von Tests realisiert werden. Daher müssen die ausgeführten Alterungstests (Testmatrix) in einer Alterungsuntersuchung sehr sorgfältig ausgewählt werden.

In diesem Artikel wird ein Verfahren zum Erzeugen der optimalen Test-Matrix für die Untersuchung des Alterungsverhaltens von Batterien (z. B. Li-Ionen-Zellen) entsprechend den Anforderungen vorgestellt. Mit diesem Verfahren ist es möglich, einerseits die optimale Testmatrix für eine bestimmte Anforderungsvariable zu erzeugen und andererseits die Qualität unterschiedlicher, auf verschiedenen Anforderungsvariablen beruhender Testmatrizen zu gewichten und miteinander zu vergleichen. Das Ziel ist, die Alterungstests hinsichtlich mehrerer Anforderungsvariablen wie z. B. Zeit- und Kostenaufwand zu optimieren [1].

---

* State of Charge

MARKUS EINHORN

Das Alterungsverhalten einer Batteriezelle ist stark abhängig von den Bedingungen, unter denen sie geladen bzw. entladen wird. Eine einzige Bedingung ist z. B. abhängig vom SOC-Bereich R = [R1, R2, …, Rm], der Temperatur T = [T1, T2, …, Tn] und dem Strom I = [I1, I2, …, Io]. Jeder SOC-Bereich R1, R2, …, Rm, jede Temperatur T1, T2, …, Tn sowie jeweils der aktuelle Strom I1, I2, …, Io muss nach einem konsistenten Bewertungsschema einzeln bewertet werden (Gewichtungen). Eine sehr wichtige Bedingung erhält zum Beispiel 3 Punkte, eine wichtige Bedingung erhält 2 Punkte, eine weniger wichtige Bedingung erhält 1 Punkt und eine unwichtige Bedingung erhält 0 Punkte. Die Bewertung jeder Bedingung (jeder SOC-Bereich, jede Temperatur und jeder Strom) muss manuell durchgeführt werden und ist abhängig von den Anwendungsbedingungen der Batterie. Jene Bedingungen, die dem realistischen Einsatzbereich entsprechen (z. B. Nennstrom, Betriebstemperatur oder typischer Entladehub), erhalten demnach eine hohe Punktezahl, jene Bedingungen, die in der Praxis seltener vorkommen, erhalten eine geringe Punktezahl. Alle Gewichtungen müssen für jede Bedingung normiert werden, sodass die Summe der Gewichtungen jeweils 1 ergibt.

Durch Multiplikation der jeweilig normierten Gewichtungen ergibt sich eine Matrix (Gewichtungsmatrix), die für jede mögliche Kombination der Testbedingungen eine Gewichtung enthält. Die Dimension dieser Gewichtungsmatrix muss mit der Anzahl der unterschiedlichen Bedingungen übereinstimmen und die Summe all ihrer Elemente muss wieder 1 betragen.

Durch Maximierung der Gesamtpunktezahl kann die durchzuführende Testmatrix unter Berücksichtigung der zur Verfügung stehenden Testkanäle bestimmt werden. Stehen z. B. 50 Kanäle zum Testen zur Verfügung, werden jene 50 Tests mit den 50 höchsten Gewichtungen aus der Gewichtungsmatrix ausgewählt. Damit ergibt sich auch automatisch die höchste Gesamtpunktezahl der Testmatrix. Die somit errechnete Punktezahl der Testmatrix kann auch verwendet werden, um verschiedene Testmatrizen miteinander zu vergleichen.

In vielen Fällen gibt es mehr als eine optimale Lösung, was durch eine feinere Abstufung der Gewichtung behoben werden kann. Es ist auch möglich, viele weitere Bedingungen hinzuzufügen und die Generierung der Testmatrix durch Optimierung [2] zu automatisieren.

QUELLEN

[1] M. Einhorn, H. Popp, F. V. Conte; A Benchmark Method for Aging Tests of Battery Cells in Automotive Applications; Advanced Automotive Battery Conference (AABC) Europe 2012.

[2] Frontline Systems. Risk solver platform. www.solver.com

MOBIL SEIN
IN DER STADT

"STUTTGART SERVICES" – DIE BÜRGERKARTE

DKFM. JÖRN MEIER-BERBERICH
STUTTGARTER STRASSENBAHNEN AG

Entstehungsgeschichte

Seit einigen Jahren laufen im deutschen ÖPNV Diskussionen, Konzepterarbeitungen sowie konkrete Projekte zum elektronischen Ticketing. Auch international sind verschiedene Verfahren bereits seit etlichen Jahren im Einsatz und auch in einigen deutschen Regionen in der Umsetzung. Bei der Prüfung der Übertragbarkeit solcher Konzepte sind aber die jeweiligen Rahmenbedingungen vor Ort zu berücksichtigen: Die prominenten Beispiele im Ausland sind oft in ÖPNV-Systemen mit einem „geschlossenen Zugang" – also über Sperren/Drehkreuze am Bahnsteigzugang – realisiert worden, und es gab vor Einführung des elektronischen Ticketings häufig keinen Verkehrsverbund, wie in Deutschland inzwischen üblich, sondern ein Nebeneinander von Einzeltarifen verschiedener Anbieter oder Verkehrsmittel.

Die Situation in Deutschland allgemein und im Verkehrs- und Tarifverbund Stuttgart (VVS) speziell ist hingegen durch einen „offenen Zugang" zu den ÖPNV-Verkehrsmitteln geprägt, sodass elektronische Tickets nicht am Bahnsteigzugang, sondern beim Zugang ins Fahrzeug überprüft werden müssen. Zudem sind Verkehrsverbünde in Deutschland nahezu flächendeckend etabliert und die Integration verschiedener Anbieter und Verkehrsmittel in einem Tarif bereits lange Realität, sodass elektronisches Ticketing in dieser Hinsicht keinen zusätzlichen Kundennutzen erzeugen kann.

Die in Deutschland bislang realisierten elektronischen Ticketing-Systeme haben überwiegend die sogenannten Zeitkarten (Monats- und Jahreskarten) auf ein elektronisches Medium umgestellt. Der Kunde profitiert hier nur bei Einzelaspekten, wie etwa einer Sperrbarkeit bei Verlust. Für die Verkehrsunternehmen können Vorteile in den Vertriebsprozessen gegenüber dem Kunden und je nach Ausgangslage eine Reduzierung von Betrugsfällen positiv zu Buche schlagen. Dem steht aber ein sehr hoher Aufwand für die Einführung und den Betrieb der elektronischen Ticketing-Systeme gegenüber, sodass sich die Wirtschaftlichkeit bislang nur mit hoher öffentlicher Förderung darstellen lässt.

Ein echter Kundennutzen entsteht erst in weiteren Ausbaustufen, wenn der Zugang ins Fahrzeug ohne vorherigen Kauf eines Fahrscheins möglich wird und die durchgeführten Fahrten im Nachhinein abgerechnet werden. Damit entfiele die Zugangshürde, sich zuvor mit dem Tarif und dem Kauf eines Fahrscheins auseinandersetzen zu müssen. Für diese Ausbaustufe ist aber eine umfangreiche Fahrzeuginfrastruktur erforderlich und solche Systeme sind in Ballungsräumen wie Stuttgart bislang noch nicht hinreichend im Alltagsbetrieb erprobt.

Vor diesem Hintergrund hat die Stuttgarter Straßenbahnen AG (SSB) mit vielen Projektpartnern ein Projekt aufgesetzt, in dem mit einem erweiterten Fokus tragfähige Konzepte nicht nur für ein elektronisches Ticketing im ÖPNV, sondern damit einhergehend auch für die Integration komplementärer Mobilitätsangebote und möglicherweise weiterer Leistungen entwickelt werden sollen. Ausgangspunkt war zum einen die Zielsetzung, zusätzlichen Kundennutzen zu generieren, damit eine Refinanzierung durch zusätzliche Fahrgelderlöse im ÖPNV zu erzielen und durch die Integration weiterer Leistungen die verbleibende Deckungslücke zu schließen, mithin also ein wirtschaftlich tragfähiges Geschäftsmodell zu entwickeln. Zum anderen wurde das Ziel verfolgt, in das Projektvorhaben die Elektromobilität zu integrieren, die als bedeutender Baustein in den notwendigen Mobilitätsentwicklungen gesehen wird. Hierfür sollte nicht nur die Integration einzelner elektromobiler Angebote erfolgen, sondern die Entwicklung eines Gesamtansatzes, der nachhaltig und beständig sein kann. Zielsetzung war die Erarbeitung einer Machbarkeitsstudie bis zum Frühjahr 2012.

JÖRN MEIER-BERBERICH

Durchführung und Ergebnisse der Machbarkeitsstudie

Das von der SSB organisierte Projekt wurde in zwei Phasen durchgeführt. Eine internationale Unternehmensberatung unterstützte das Projekt mit ihren Erfahrungen aus ähnlichen Projekten. In einer ersten Phase von August bis Oktober 2011 wurden anhand internationaler Beispiele relevante Erfolgskriterien identifiziert und ihre Übertragbarkeit auf Stuttgart überprüft. Wesentliche Erkenntnisse dieser Phase waren, dass einerseits der „offene Zugang" zum ÖPNV-System im VVS in jedem Fall erhalten bleiben muss und eine Integration verschiedener ÖPNV-Anbieter bereits seit mehr als 30 Jahren mit dem VVS als Verkehrsverbund besteht, andererseits das schnelle Erreichen einer großen Zahl von Nutzern und die Integration weiterer Mobilitätsleistungen und zusätzlicher Leistungen wie Einzelhandel, Zahlfunktion oder städtische Services zu den Erfolgsfaktoren zählen.

Daraus ergaben sich drei Themenfelder, die in einer zweiten Phase von November 2011 bis März 2012 vertieft bearbeitet wurden, um eine hinreichend tragfähige Aussage zur Machbarkeit treffen zu können. Der Ausgangspunkt des Projektes war zunächst die Konzeption integrierter Wegeketten als Alternative zum klassischen Individualverkehr. Der ÖPNV wurde dabei als Kernelement eines integrierten Mobilitätsangebots angesehen, das um Leistungen wie Carsharing und Call a Bike (car2go mit dem Angebot von E-Smarts, Call a Bike mit dem Angebot von E-Fahrrädern) ergänzt wird. Die Integration dieser verschiedenen Mobilitätsangebote muss über mehrere Schritte hinweg erfolgen: Eine informatorische Integration führt zu einem einheitlichen Informationsportal für Mobilität (leistet die Fahrplanauskunft des VVS bereits heute für Regionalzüge, S-Bahnen, Stadtbahnen, städtische und regionale Busse über verschiedene Anbieter hinweg), eine tarifliche Integration führt zu gemeinsamen

Tarifangeboten von ÖPNV, car2go und Call a Bike (z. B. Freiminuten oder günstigere Minutenpreise bei car2go für ÖPNV-Jahresticket-Kunden), und eine vertriebliche Integration führt zur Ausgabe einer gemeinsamen Karte zur Nutzung aller Angebote. Durch eine solche Integration kann zusätzlicher Kundennutzen geschaffen und neue Kunden können gewonnen werden, die auch zu einer Refinanzierung durch zusätzliche Fahrgelderlöse beitragen. Nur durch Integration und Vernetzung können Nutzergewohnheiten in Richtung elektromobiler Angebote verändert werden.

Abbildung 1:
Die Stuttgart Service Card – der „Zugang in der Tasche"

Über die Mobilität hinaus wurde die Integration weiterer Leistungen wie die einer Zahlfunktion, eines regionalen Bonusprogramms im Einzelhandel und städtischer Services wie Büchereien, Schwimmbäder etc. betrachtet. Dies basiert auf zwei Grundannahmen: Einerseits soll bisherigen Nicht-ÖPNV-Kunden durch die Integration weiterer Anbieter der Zugang zum ÖPNV „in die Tasche gelegt" werden – wenn die Karte schon vom Bonusprogramm oder der Büchereinutzung vorhanden ist, sinkt die Zugangshürde, mit derselben Karte auch den ÖPNV zu nutzen; damit können wiederum zusätzliche ÖPNV-Kunden und damit zusätzliche Fahrgelderlöse zur Refinanzierung gewonnen werden. Zum anderen kann über die Zahlfunktion und das

Bonusprogramm ein Überschuss erzielt werden, der zur Deckung der verbleibenden Finanzierungslücke aus den reinen Mobilitätsangeboten genutzt werden kann.

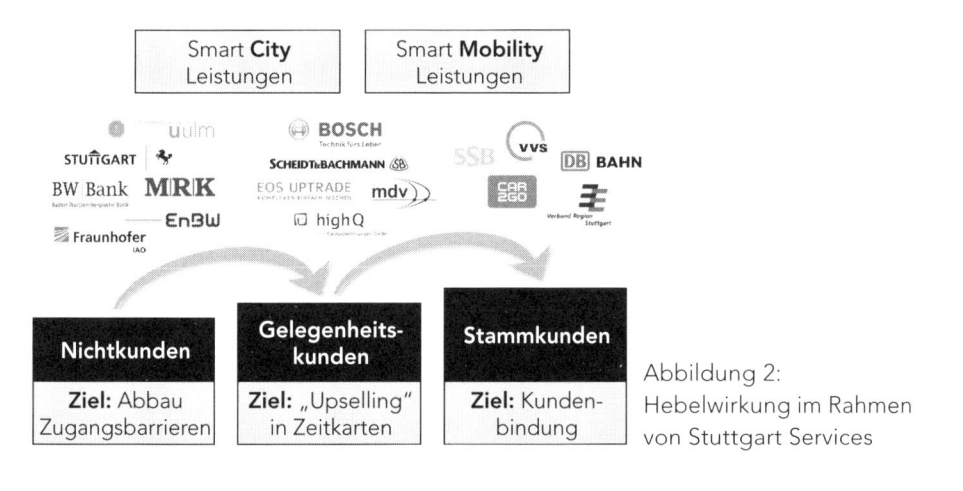

Abbildung 2: Hebelwirkung im Rahmen von Stuttgart Services

Für diesen inhaltlichen Ansatz wurde die Machbarkeit in den drei Feldern Kundennutzen, Wirtschaftlichkeit und Technologie überprüft. Dabei wurde herausgearbeitet, dass bereits eine Integration der verschiedenen Mobilitätsangebote für sich zu einem Kundennutzen führt, da integrierte Wegeketten mit einer informatorischen, tariflichen und vertrieblichen Integration eine sehr einfache Nutzbarkeit ermöglichen. Die Ergänzung des ÖPNV durch bspw. car2go, Flinkster und Call a Bike deckt zusätzliche Nutzungsfälle für die Kunden ab, umgekehrt dient der kapazitätsstarke ÖPNV als Basisprodukt für die komplementären Angebote. Ein zusätzlicher Kundennutzen entsteht, wenn weitere Leistungen wie Zahlfunktion, Bonusprogramm und städtische Services im selben Kontext angeboten werden, also eine gemeinsame Informationsplattform und ein gemeinsames Nutzermedium (Karte) bestehen. Mit einem einzigen Zugang werden dem Kunden viele für den „täglichen Bedarf" relevante Leistungen angeboten, die heute höchstens singulär mit verschiedenen Karten abgedeckt werden. Zur Wirtschaftlichkeit wurde festgestellt, dass über zusätzliche ÖPNV-Kunden und damit Fahrgelderlöse einerseits sowie die positiven Rückflüsse aus Zahlfunktion und Bonusprogramm andererseits eine wirtschaftlich tragfähige Gesamtlösung möglich erscheint. Je nach Szenario sind zwar unterschiedlich lange Zeiträume bis zu einem positiven Gesamtergebnis erforderlich, grundsätzlich lässt sich jedoch festhalten, dass der hier geprüfte Gesamtansatz – im Gegensatz zu reinen elektronischen Ticketing-Systemen im ÖPNV – eine Refinanzierung ermöglicht oder zumindest zu einer deutlichen Verringerung der Deckungslücke beiträgt. Im Zusammenhang damit wurde auch die organisatorische und rechtliche Notwendigkeit einer Betreibergesellschaft festgestellt, um die Leistungen verschiedener Anbieter über ein gemeinsames Informationsportal und ein gemeinsames Nutzermedium (Karte oder anderes Medium) anbieten zu können. Schließlich wurde die technologische Machbarkeit aufgezeigt, die einerseits für ein gemeinsames Informationsportal, andererseits für ein gemeinsames Nutzermedium dargestellt wurde. Für die konkrete Umsetzung bestehen hier verschiedene Lösungsoptionen.

Während des laufenden Projekts entstand eine zeitliche Parallelität mit der Ausschreibung des Bundes für die „Schaufenster Elektromobilität". Daraus ergab sich die Einbindung des Projekts „Stuttgart Services" in die Bewerbung des Landes Baden-Württemberg als Schaufenster Elektromobilität, da dem integrativen Ansatz verschiedener (elektromobiler) Mobilitätsangebote eine wesentliche Rolle für die Schaufensterbewerbung beigemessen wurde. Das hier beschriebene Projekt wurde schließlich als Leitprojekt der baden-württembergischen Bewerbung an erster Stelle von insgesamt 41 Einzelprojekten aufgenommen. Baden-Württemberg hat mit seiner Bewerbung den Zuschlag als eines der vier Schaufenster Elektromobilität, mit dem Titel „LivingLab BW^e mobil", erhalten.

Schon aufgrund der Partnerschaft im Verbund standen VVS, SSB, die Deutsche Bahn AG (DB, hier die S-Bahn und die DB Vertrieb) und der Verband Region Stuttgart als Partner im Projekt von vornherein fest. Um integrierte Wegeketten anbieten zu können, sind komplementäre Angebote erforderlich, so dass aus dem Projekt heraus auch die Einführung von car2go mit E-Smarts in Stuttgart unterstützt wurde. Als weiteres Mobilitätsangebot im Kontext integrierter Wegeketten wurde Call a Bike identifiziert, das von DB Rent in Stuttgart betrieben wird. DB Rent hat in diesem Zuge auch sein Carsharing-Angebot Flinkster in die Projektentwicklung mit eingebracht und konnte darüber hinaus Erfahrungen aus anderen Regionen beitragen. Daneben wird für eine Integration von Zahlungsleistungen zwingend eine Bank als Partner benötigt. Die BW-Bank hat sich sowohl aufgrund ihrer Gesellschafterstruktur und regionalen Verankerung als auch aufgrund ihrer Marktposition und ihrer Entwicklungserfahrungen bezüglich Kartensystemen (z. B. VfB-Card / Bundesliga-Club) als Partner angeboten. Um die Integration weiterer Leistungen anhand konkreter Beispiele überprüfen zu können, wurden neben Vertretern der Landeshauptstadt Stuttgart auch die EnBW, Stuttgart Marketing, die City-Initiative Stuttgart und die Parkraumgesellschaft Baden-Württemberg in das Projekt einbezogen. Aufgrund dessen, dass im Rahmen von „Stuttgart Services" angestrebt wird, ein zukunftsfähiges Modell der Elektromobilität zu entwickeln, das auch auf andere Städte übertragbar sein wird, wurde das Beratungsunternehmen MRK in das Projektteam eingegliedert. MRK erarbeitet einen Marktansatz für die Elektromobilität, der eine effiziente Kundenansprache ermöglicht. Des Weiteren ist als Partner das Fraunhofer IAO in das Projekt integriert, das – gemeinsam mit der Universität Ulm – übergreifend die Projektergebnisse erhebt, evaluiert und die Erkenntnisse in Transfermaßnahmen überführt. Eine Reihe von Technologiepartnern wie Bosch, EOS Uptrade, highQ, Mentz DV und Scheidt & Bachmann runden das Projektteam ab.

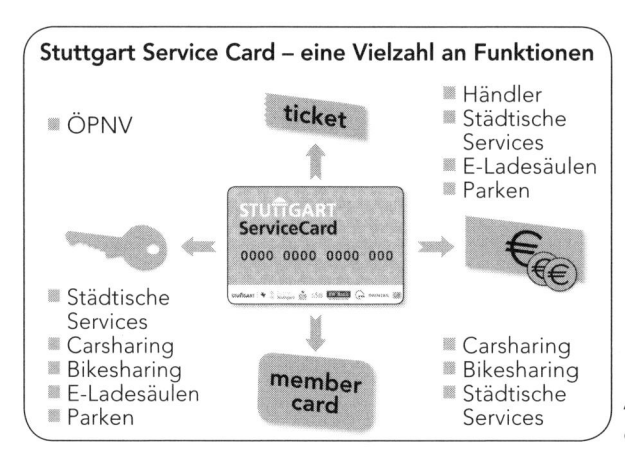

Abbildung 3: Funktionen der Stuttgart Service Card

„Stuttgart Services" fokussiert das Thema Elektromobilität, insbesondere die intermodale Vernetzung, in urbanen Räumen. Diesbezüglich sollen möglichst viele Kontakte zwischen Nutzern und Elektromobilität erzeugt werden, die nur über die Einbindung großer Teile der Bevölkerung möglich sind. Übersetzt in die Projekttätigkeit bedeutet dies die Integration von vorerst 500.000 Menschen über die Herausgabe des einheitlichen Zugangsmediums. Um diesen Personen jedoch nicht nur den Schritt zur Elektromobilität zu ermöglichen, sondern sie auch zur Nutzung motivieren zu können, muss die Elektromobilität mit dem alltäglichen Leben verbunden werden. Dies erfolgt durch die Bausteine städtische und sonstige Services, die ebenfalls per einheitlichem Zugangsmedium für die Nutzer zugänglich werden.

JÖRN MEIER-BERBERICH

Der Markt der elektromobilen Angebote ist derzeit durch eine Vielzahl von nicht kombinierbaren Einzelangeboten charakterisiert. Langfristig kann die Elektromobilität jedoch nur dann tragfähig sein, wenn eine Vernetzung der neuen elektrischen Angebote des Individualverkehrs mit dem ÖPNV erfolgt – immer in Verbindung mit der Leitfrage: Was braucht der Kunde, um diese Vernetzung attraktiv zu finden? Die verstärkte Konzentration auf elektromobile Angebote trägt dann dazu bei, den Nachhaltigkeitsverbund, der aus dem klassischen Umweltverbund (ÖPNV, Fahrrad, zu Fuß) und dem elektromobilem Individualverkehr besteht, zu stärken. Diese Stärkung ist wiederum ein wichtiger Schritt in Richtung Energiewende in der Mobilität.

Seitens der Industriepartner werden die für die Vernetzung der Angebote notwendigen Systeme – in Form einer inter- und multimodalen Informations- und Buchungsplattform – entwickelt, sodass komplexe Hintergrundsysteme den Nutzern einen einfachen und einheitlichen Zugang zur Elektromobilität ermöglichen.

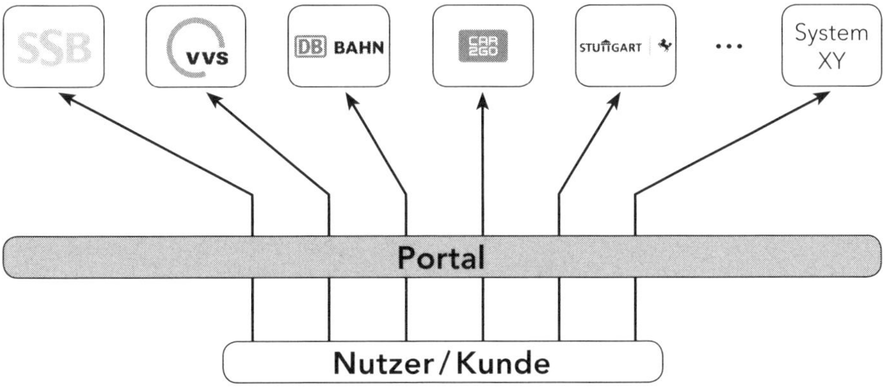

Abbildung 4: Anbindung der Partner an die integrierte Plattform

Aktueller Stand und weiteres Vorgehen

Mit dem Abschluss der zweiten Projektphase im März 2012 ist die grundsätzliche Machbarkeit des Gesamtansatzes dargestellt. Das weitere Vorgehen leitet sich insbesondere aus zeitlichen Rahmenbedingungen und dem Fortgang des Schaufensters Elektromobilität Baden-Württemberg „LivingLab BW^e mobil" ab. Kurzfristige Rahmenbedingung ist der für Oktober 2012 vorgesehene Start von car2go mit E-Smarts in Stuttgart. Bereits zu diesem Zeitpunkt bzw. zum Januar 2013 soll eine erste Stufe des integrierten Mobilitätsangebots realisiert werden. Dafür ist sehr kurzfristig die Realisierung konkreter Maßnahmen erforderlich, wie die Beschaffung eines „MobilPasses", der sowohl für ÖPNV-Tickets als auch von car2go und Call a Bike genutzt werden kann, sowie die Organisation der damit zusammenhängenden Prozesse. Der „MobilPass" ist als erster Schritt in Richtung des überprüften Gesamtansatzes zu sehen, fokussiert sich aufgrund des sehr kurzfristigen Realisierungszeitraums aber rein auf das Thema Mobilität.

Nachdem im Juli 2012 die Anträge für das Förderprojekt an den Projektträger versandt wurden und durch diesen auf ihre Förderfähigkeit geprüft werden, startet das Projekt „Stuttgart Services" voraussichtlich ebenfalls im Oktober 2012 in die 3-jährige Umsetzungsphase. Über die schrittweise Realisierung des Gesamtansatzes von „Stuttgart Services" hinaus wird eine Vernetzung mit den Projekten des Schaufensters Elektromobilität Baden-Württemberg „LivingLab BW^e mobil" angestrebt. Angedacht ist diese Vernetzung nicht nur in Bezug auf die einzelnen Projektinhalte, sondern auch in Bezug auf die Öffentlichkeitsarbeit und die Kommunikation, sodass eine möglichst große Bekanntheit der Schaufensterinhalte geschaffen werden kann und die Elektromobilität an sich bekannter wird.

DIE WIENER MODELLREGION E-MOBILITÄT ALS ERGÄNZUNG ZUM RÜCKGRAT ÖPNV

DR. MICHAEL LICHTENEGGER
BETEILIGUNGSMANAGEMENT E-MOBILITÄT, WIENER STADTWERKE

Motorisierte Mobilität

Mobilität verbindet Menschen. Mobilität eröffnet den Menschen Ziele, Chancen und Potenziale. Mobilität beeinflusst den Lebensstil der Menschen. Die Erweiterung des Wirkungskreises der Menschen, insbesondere die fast mühelose – aber nicht folgenlose – Verlängerung der Entfernungen durch die Motorisierung hat den Lifestyle der letzten 100 Jahre besonders stark geprägt. Die Eisenbahn und andere öffentlich verfügbare Verkehrssysteme gehören sicherlich zu den ersten und auch einschneidenden Innovationen in dieser Hinsicht. Unbestreitbar aber hat das individuell eingesetzte Automobil mit Verbrennungsmotor für fossile Treibstoffe den Lifestyle der Menschen in den letzten 50 Jahren am stärksten beeinflusst und verändert.

Das „Benzin"-Auto: Anfang und Ende einer Ära

Die Ära der mit fossilen Treibstoffen betriebenen Kraftfahrzeuge geht jedoch unausweichlich dem Ende zu. Wir werden in 30 oder 40 Jahren ein vereinfachendes Resümee ziehen: **„Die Ära des Benzin-Autos hat gerade einmal 100 Jahre lang gedauert."** Die mit fossilen Treibstoffen betriebenen Automobile wurden ja erst in den 60er-Jahren des 20. Jahrhunderts für eine große Allgemeinheit verfügbar und leistbar. Und selbst das gilt nur für einen Teil der Erde. In vielen Ländern und auf manchen Kontinenten findet diese Entwicklung erst jetzt statt. Schließlich werden Benzin-Autos bis zu den 40er-, vielleicht auch erst in den 60er-Jahren des 21. Jahrhunderts auch wieder verschwunden sein. Es gibt drei wesentliche Gründe für den Abschied vom Benzin-/Diesel-Fahrzeug:

In Städten sind Autos den Menschen im Weg. Erfolgreiche große Städte müssen die Stärke urbaner Strukturen bestmöglich ausspielen. Da bleibt nicht viel Spielraum für Stellplätze und der verbleibende Raum ist auch zu kostbar für abgestellte Automobile. Automobile rauben den Menschen in der Stadt jenen Platz, den diese eigentlich für sich selber und für ihr soziales Zusammenleben brauchen. Nach Jahrzehnten der Verbreitung und damit allgemeinen Verfügbarkeit stößt der Autoverkehr an seine Grenzen und ist mehr und mehr sich selbst, vor allem aber den Menschen im Weg.

Autos gefährden Umwelt, Gesundheit und Sicherheit. Automobile mit fossilem Verbrennungsmotor sind einer der Hauptverursacher des Treibhauseffekts und sowohl Umwelt als auch Gesundheit gefährdender Partikel. So ist der motorisierte Verkehr mit einem Anteil von 36% (Stand 2006) der größte CO_2-Emittent in Wien. Weltweit hat der motorisierte Individual- und Wirtschaftsverkehr das Ziel der Emissionsverminderung für Klima- und Umweltschutz bei weitem verfehlt. Die durch die Emissionen beeinträchtigte Luftqualität bewirkt ein hohes Gesundheitsrisiko. Diese negativen Auswirkungen des Straßenverkehrs und der Kraftfahrzeuge mit Verbrennungsmotoren werden von den Menschen immer weniger toleriert. Die Emissionen des Verkehrs müssen daher in den nächsten Jahren drastisch reduziert werden.

„Peak Oil" ist unausweichlich. Das Ende der Ölreserven ist unausweichlich und absehbar. Die Einschätzungen der Experten unterscheiden sich bloß hinsichtlich der Dauer, bis wann es denn so weit sei. Das Ende des „billigen" Öls hat eigentlich schon begonnen. Gleiten wir schon jetzt in die „Peak Oil"-Phase? Es müssen daher schon jetzt alternative Antriebe und deren Treibstoffe für die motorisierte Mobilität entwickelt werden. Elektrische Energie und Elektromotoren haben dabei die Nase vorne. Schließlich gibt es damit die längste und die meiste Erfahrung. Diese Tech-

MICHAEL LICHTENEGGER

nologie wird insbesondere im schienengebundenen Verkehr seit einem Jahrhundert höchst erfolgreich angewendet.

Das Sexsymbol Auto ist in die Jahre gekommen …

… ist der Philosoph Konrad Paul Liessmann überzeugt. „Die große Zeit des Automobils ist vorbei", wird er in einer großen Tageszeitung in Österreich zitiert (Kurier, Montag, 30. Jänner 2012). „Der Traum der autogerechten Stadt ist ausgeträumt; der Platz in der Stadt wird knapper, ökologische Probleme nehmen zu. Autos werden stärker als Nutz- und nicht als Prestige-Objekt gesehen …" Bei den urbanen Bürgerinnen und Bürgern hat das Auto die „Pole-Position" als Statussymbol Nummer 1 verloren, vor allem bei den Jungen. In der Bundesrepublik Deutschland konstatiert der Verband der deutschen Verkehrsunternehmen den Rückgang der Führerschein- und Autobesitzquote bei den 20- bis 30-Jährigen in urbanen Räumen.

Selbst die Autobranche stellt in ihren Marktumfragen diesen Trend fest. Die BMW Group etwa vermerkt: Junge Leute kaufen sogar mehr Autos als je zuvor – aber sie fahren diese weniger oft. Das Mobilitätsverhalten hat sich verändert hin zu einer situativen, multimodalen Nutzung. Junge urbane Autobesitzer mieten spezielle Autos für spezielle Einsätze, fahren in den Metropolen vor allem Öffis und sind enthusiastische Radfahrer.

WienerInnen heute schon fast zur Hälfte e-mobil

In Wien ist eine Autofahrt im Jahr 2011 nur mehr für 29 % aller Wege die Mobilitätslösung. In Wien werden viel mehr Wege mit dem ÖPNV (37 % aller Wege) sowie 34 %

zu Fuß oder mit dem Fahrrad zurückgelegt. Und das Wichtigste dabei: Die Kunden der Öffis sind mit dieser Mobilitätslösung absolut einverstanden: Mehr als 90 % sind zufriedene Kunden der Wiener Linien!

In Wien haben sich also die Vorteile leistungsfähiger öffentlicher Nahverkehrssysteme bei den BürgerInnen längst herumgesprochen. Viele rationale Gründe – Umweltvorteile, technologische Aspekte, Leistungsfähigkeit, Zuverlässigkeit, Wirtschaftlichkeit, Sicherheit und vieles andere – sprechen ganz klar dafür. Öffi-Fahren hat sich in Wien aber vor allem deswegen durchgesetzt, weil die BürgerInnen sich davon überzeugen konnten, dass diese Art der Mobilität persönliche Vorteile bringt: Verlässlichkeit, Sicherheit, Ungebundenheit, Preiswürdigkeit und viele weitere positive Aspekte werden von den urbanen NutzerInnen geschätzt. Autos werden nach wie vor gefahren. Die Mehrheit tut es aber nur mehr dann, wenn es doch einmal besondere Vorteile gegenüber einer Öffi-Fahrt bringt.

Aus diesem Wien-typischen Mobilitätsverhalten ergibt sich auch, dass schon heute fast 50 % der motorisierten Wege aller Wienerinnen und Wiener e-motorisiert sind! Schließlich werden etwa 80 % der Öffi-Wege mit elektrisch motorisierten U-Bahn-Zügen und Straßenbahnen erledigt.

Wiener Modellregion: Lösungen für noch mehr Wege im wachsenden Wien

Wien wird in den nächsten Jahren ein starkes Bevölkerungswachstum erleben, wodurch sowohl Energiebedarf als auch Mobilitätsnachfrage steigen. Zusätzlich stellt der Klimawandel, der notwendige Energieeffizienzmaßnahmen und die Versorgung der Bevölkerung mit erneuerbarer Energie bedingt, eine große Herausforderung dar.

Für diese Herausforderungen braucht Wien geeignete Lösungen. Die Mobilität der Zukunft muss einen entscheidenden Beitrag für eine weiterhin außer-

MICHAEL LICHTENEGGER

gewöhnlich lebenswerte und moderne Metropole leisten. Gute Mobilitätslösungen sind auch Garant für eine ausgezeichnete Standortqualität und hohe Wirtschaftskraft. Zentrales Anliegen der „Wiener Modellregion" ist daher die Entwicklung einer zukunftsfähigen, umweltfreundlichen und für BürgerInnen und Wirtschaft attraktiven urbanen Mobilität.

Leitbild „Neue Mobilität für Wien"

Die Ziele für die Wiener Modellregion sind im Leitbild „Neue Mobilität für Wien" der WIENER STADTWERKE Holding AG festgeschrieben. Das Leitbild definiert die ökologisch, sozial und wirtschaftlich bedeutenden Voraussetzungen, die eine zukünftige Mobilität in der Stadt Wien leisten muss:

> - Bequem und sauber
> - Rasch und verlässlich
> - Sicher und barrierefrei
> - Ständig verfügbar
> - Leistbar und für alle nutzbar
> - Flexibel je nach Transporterfordernis
> - Mit geringstmöglichen CO_2- und Schadstoffemissionen
> - Von Öl und anderen fossilen Energieträgern zunehmend unabhängig
> - Leise
> - Ressourcen- und platzsparend

Das Verkehrssystem der Zukunft fördert die Lebensqualität und die Wirtschaftskraft der Stadt Wien.

Nützen wir die Chance zum Paradigmenwechsel!

Ein modernes E-Auto kann weder hinsichtlich Reichweite noch hinsichtlich Spontaneität alle von den traditionellen Automobilen gewohnten Kundenerwartungen erfüllen. Das wird noch viele Jahre so sein, vielleicht sogar auf Dauer? E-Autos könnten trotzdem schon heute sehr gut für die Mehrheit der Autofahrten Verwendung finden, schließlich sind schon heute 80 % der Autofahrten innerhalb Wiens kürzer als 8 km! Der bevorstehende Technologiewechsel in der Motorisierung von Kraftfahrzeugen soll aber auf keinen Fall dazu führen, dass bloß ein herkömmliches, traditionelles Benzin-Auto gegen ein E-Auto getauscht wird. Wir müssen vielmehr die Chance nützen, Mobilität neu zu denken und sie neu zu gestalten: E-Autos, die den ÖPNV dort ergänzen, wo dieser für sich allein nicht die optimale Lösung bieten kann. Öffis fahren, wann immer das die geeignetere Lösung bietet, aber auch dann, wenn einmal das E-Auto nicht einsetzbar oder nicht zielführend ist. Und: E-Autos fahren ohne sie besitzen zu müssen.

Ziel des Forschungsprojekts „e-mobility on demand"

Im Sinn des Leitbildes werden im geförderten Forschungsprojekt „e-mobility on demand" die Komponenten der „Neuen Mobilität" erprobt. Rückgrat dieses zukunftsfähigen Mobilitätssystems ist das Angebot des öffentlichen Personenverkehrs, ergänzt durch innovative, ergänzende Mobilitätsservices. Aber auch im Individualverkehr werden E-Fahrzeuge sowie die zugehörige Ladeinfrastruktur konsequent nach dem Leitbild „Neue Mobilität für Wien" eingesetzt. Die Schwerpunkte sind daher:

› Einsatz von E-Autos unter der Prämisse, dass deren Nutzung zu einer klimafreundlichen, zukunftsfähigen Mobilität in unserer Stadt beiträgt.

MICHAEL LICHTENEGGER

> Abkehr von fossilen Brennstoffen hin zur Elektromobilität; aber ohne den motorisierten Individualverkehr zu forcieren
> Grundsätzlich soll der Anteil des öffentlichen Verkehrs erhöht werden, wobei
>> die Elektromobilität nicht als dessen Alternative,
>> sondern als Ergänzung etabliert werden soll.

E-Autos als Ergänzung zum Rückgrat öffentlicher Verkehr

Ein Ziel des Projekts ist somit auch, die wesentlichen Komponenten der individuellen E-Mobilität zu erproben: Insgesamt sind das 175 zweispurige Elektrofahrzeuge und 440 Ladestellen. Der Einsatz von geförderten E-Autos wird gezielt als Ersatz bei unverzichtbaren Kfz-Wegen realisiert, und damit vorrangig für

> den Wirtschaftsverkehr in Fahrzeugflotten mit passendem Einsatzprofil
> Forschungsprojekte rund um den Einsatz von e-Fahrzeugen für komplementäre Verkehrsangebote im multimodalen Mix, wie E-Taxis, E-Carsharing, …
> den Einsatz in der Öffi-Flotte: E-Busse im Linieneinsatz der Wiener Linien (2A & 3A)

Eine wichtige Rahmenbedingung im Förderprogramm ist auch der Nachweis, dass der Strom für die eingesetzten E-Fahrzeuge ausschließlich aus zusätzlicher, erneuerbarer Energieerzeugung stammt.

Maximale Mobilität auch ohne eigenes Auto

Nach dem Motto „Weg vom Besitzen, hin zum Nutzen" sollen „Öffis" und umweltfreundliche Formen des Individualverkehrs, zum Beispiel Sharing-Modelle für Elektrofahrzeuge, intelligent integriert werden. So werden für die meisten Lebenssituationen und Mobilitätsbedürfnisse multimodale Verkehrsangebote (viele verschiedene Verkehrsarten) zur Verfügung stehen. Dieses komplexe Mobilitätsangebot darf für die BürgerInnen aber nicht kompliziert sein, sonst werden sie nicht bereit sein umzusteigen. Deshalb ist es wichtig, diese Vielfalt benutzerfreundlich zu einem Mobilitätsservice zusammenzufassen.

Forschungsarbeiten für einheitliche Assistenzsysteme, einheitliche Informationsservices, einheitliche Zutrittssysteme sowie integrierte Ticketlösungen stehen daher ebenfalls im Fokus der „Wiener Modellregion". Es wird daher auch ein erster Schritt in Richtung einer multimodalen Mobilitätskarte gesetzt.

Mobility on demand – tomorrow's lifestyle

Das Konsumentenverhalten hat sich in den letzten Jahren dramatisch verändert. Die Möglichkeiten des Web 2.0 haben einen völlig neuen Lifestyle kreiert: Urlaub und Abenteuer, Filme und Kino, Musik, Bücher, Unterhaltung und Spiele aller Art, Wissen und Bildung, ja selbst Kontakte und Partnerschaft sind „on demand" verfügbar und abrufbar. Für die Mobilität in Städten zeichnet sich eine vergleichbare Entwicklung ab: Im Gegensatz zum ländlichen Siedlungsraum ist in urbanen, verdichteten Gebieten dank attraktiver öffentlicher Verkehrsangebote ein hohes Maß an Mobilität auch ohne Autobesitz verfügbar. Mehr als 40 % aller Haushalte in Wien verfügen über kein eigenes Auto und sind dennoch mobil.

Erfolgreiche Verkehrsdienstleister betreiben schon heute nicht bloß einzelne Linien, sondern bieten integrierte, gesamtheitliche Mobilitätslösungen in einem Paket an. Die nächsten Schritte in Richtung „mobility on demand" erfordern

MICHAEL LICHTENEGGER

kombinierte Verkehrslösungen, Partnerschaften mit anderen Branchen und intelligente neue Technologien, welche diese zu einem Service-Package multimodaler Angebote zusammenfassen.

Der moderne Lifestyle der Menschen ist stark geprägt von der Welt der „Apps", die Smartphones zu ständigen Begleitern für Information, Assistenz- und Zutrittssysteme machen. Der Schritt zum weit verbreiteten Zahlungstool steht unmittelbar bevor. Diese Technologien versetzen die Verkehrsbranche in die Lage, auch komplexe Dienstleistungen zu vernetzen und sie übersichtlich und einfach nutzbar zu machen. Und sie schaffen neue Möglichkeiten, öffentliche Verkehrsdienstleistungen zu individualisieren und damit für die Menschen attraktiver zu machen.

Mobility 3.0

Die Zukunft urbaner Mobilität liegt unzweifelhaft in der Attraktivität eines multimodalen Mobility-Lifestyles. Mit Hilfe von Assistenzsystemen bleibt die persönliche Mobilität trotz der Vielfalt an Möglichkeiten für die „User" einfach handhabbar. Das Rückgrat dieser multimodalen Mobilität wird in größerer Bedeutung denn je der ÖPNV mit seinen unbestrittenen Stärken sein. Ergänzende, innovative, individuelle Mobilitätsangebote werden in hohem Ausmaß umweltfreundlich ausgestaltet sein. Mit Sicherheit werden dabei elektrische Energie und E-Motorisierung eine bedeutende Rolle spielen. An dieser Zukunft der urbanen Mobilität plant, forscht und arbeitet das Projekt „e-mobility on demand" der Wiener Modellregion. Durch die praktische Anwendung der E-Mobilitäts-Komponenten werden bis Abschluss des geförderten Forschungsprojekts Ende 2014 wertvolle Erkenntnisse und Erfahrungen gesammelt. Diese fließen in die weitere Realisierung zukunftsfähiger „Mobility 3.0" in einer Smart City Wien ein.

POTENZIALE VON ELEKTROFAHRZEUGEN ZUR CO_2-REDUKTION IM BETRIEBLICHEN FUHRPARK

CHRISTINE MILCHRAM, UNIVERSITÄT WIEN
FELIX SCHMALEK, UNIVERSITÄT WIEN
MAG.ᵃ LISA KARGL, UNIVERSITÄT FÜR BODENKULTUR WIEN

Im Frühjahr 2012 wurde im Rahmen eines studentischen Projektes mit einem Wiener Unternehmen ein Konzept zur Senkung des CO_2-Ausstoßes von Dienstfahrzeugen auf durchschnittlich unter 150 g CO_2/km erstellt. Da Elektrofahrzeuge zu diesem Ziel einen hohen Beitrag leisten könnten, werden Teil-Ergebnisse des Projektes im Folgenden dargestellt. Neben relevanten Einflussfaktoren wird das Potenzial von E-Fahrzeugen zur Senkung des CO_2-Ausstoßes sowie der Beitrag zum globalen Anliegen Klimaschutz beschrieben.

Eine wesentliche Rolle nehmen politische Rahmenbedingungen ein. Erstens kann durch monetäre Anreize die Anschaffung von Elektrofahrzeugen forciert werden. Zurzeit sind dabei für Betriebe vor allem Förderungen bei der Anschaffung von Elektrofahrzeugen und Schnellladestationen durch das vom Lebensministerium initiierte Programm „klima:aktiv mobil" oder durch spezielle Förderungen der Bundesländer relevant. Zweitens ergibt sich auch durch die Erhöhung des CO_2-Malus bei der NoVA ab 1.1.2013 (BGBl. I Nr. 111/2010), welche alle Fahrzeuge über 150 g CO_2-Ausstoß/km betreffen wird, ein Anreiz zur Senkung des CO_2-Ausstoßes in betrieblichen Fuhrparks. Weiters ist die Technologieentwicklung der E-Fahrzeuge in den nächsten Jahren ein wichtiger Faktor. Auch durch die EU-weiten Vorgaben für Automobilhersteller, den durchschnittlichen CO_2-Ausstoß der Neuwagenflotte zu senken, wird es höchstwahrscheinlich in den nächsten Jahren zu einer Weiterentwicklung der elektrischen Antriebe kommen. Dadurch wird sowohl eine Erhöhung der Verfügbarkeit als

CHRISTINE MILCHRAM
FELIX SCHMALEK
LISA KARGL

auch eine Kostensenkung erwartet. Hier sind es vor allem die Batteriekosten, die den Vormarsch des Elektroautos in der Hand haben werden.

Im betrieblichen Fuhrpark ist der Einsatz von Elektrofahrzeugen vor allem dann sinnvoll, wenn die Fahrzeuge für Wegstrecken von weniger als 100 km verwendet werden, zwischen den Einsätzen längere und planbare Parkzeiten liegen, Parkplätze mit Steckdosen ausgestattet sind oder Schnellladestationen zur Verfügung stehen sowie eine vorausschauende Planung des Fahrzeugeinsatzes möglich ist. Wenn Elektrofahrzeuge eingesetzt werden, sollten sie wenn möglich mit Ökostrom geladen werden, da die CO_2-Emissionen dadurch nicht nur lokal, sondern auch in der Stromherstellung minimiert werden. Sollte der Fuhrpark wie im Fall unseres Projektes in Fahrzeugklassen unterteilt sein, ist vor allem in der Kompakt- und Kleinwagen-Klasse ein Umstieg auf Elektrofahrzeuge sinnvoll.

Im Projekt wurde allerdings dringend empfohlen, die Klasseneinteilung aufzuheben und auch anstatt für Kurzstrecken eingesetzter Oberklasse-Fahrzeuge Elektromodelle einzusetzen. Im Konzept wurden anhand bestimmter Kriterien klimafreundlichere Fahrzeuge empfohlen, die statt der derzeitigen Modelle eingesetzt werden könnten. 45% der empfohlenen Fahrzeuge waren dabei Modelle mit Alternativantriebe (25% Elektrofahrzeuge) und 55% sparsame Diesel-Modelle. Die folgende Grafik stellt dar, auf wie viel Prozent im Vergleich zum derzeitigen Fuhrpark die CO_2-Emissionen dadurch gesenkt werden könnten.

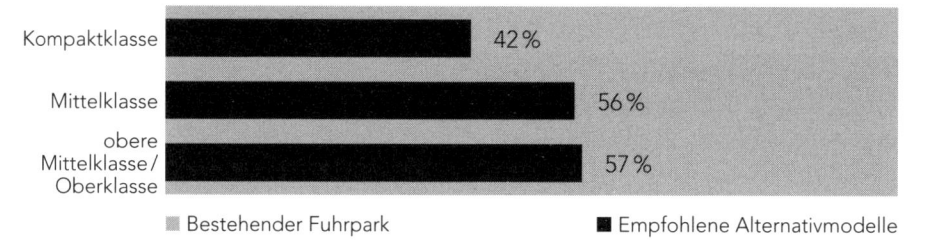

Kompaktklasse	42 %
Mittelklasse	56 %
obere Mittelklasse/ Oberklasse	57 %

■ Bestehender Fuhrpark　　　　■ Empfohlene Alternativmodelle

Abb. 1: Potenzielle Reduktion der CO_2-Emissionen durch klimafreundlichere Modelle

Die wichtigste Rolle bei der Senkung des CO_2-Ausstoßes spielen jedoch die BenutzerInnen der Fahrzeuge. Die CO_2-Emissionswerte werden bei fossilen Antrieben auf Grundlage des Treibstoffverbrauchs berechnet. Obwohl solche Angaben wie auch die Berechnung der NoVA auf Basis von genormten Soll-Angaben der Hersteller gemacht werden, muss das Ziel die Senkung der tatsächlich im Fahrbetrieb entstehenden Emissionen sein. Der tatsächliche Treibstoffverbrauch ist in der Regel – wie auch die Analyse der Fahrzeuge in unserem Projekt zeigte – signifikant höher als die gemessenen Herstellerangaben. Aus diesem Grund wurden im Projekt sowohl bewusstseinsbildende Maßnahmen als auch beispielsweise Spritspar-Fahrtrainings angeregt, um eine Senkung der tatsächlichen CO_2-Emissionen auch zu erreichen. Obwohl diese vom Unternehmen zuerst nur als Randthemen und wenig relevant eingestuft wurden, kann ihr Beitrag bei der Senkung der CO_2-Emissionen gar nicht

CHRISTINE MILCHRAM
FELIX SCHMALEK
LISA KARGL

stark genug betont werden und ist vor allem in Relation zum eingesetzten Aufwand maßgeblich.

Neben kurzfristigen Lösungsansätzen bleibt noch die Frage, was sich auf lange Sicht als Alternative zu Transportmitteln mit Verbrennungsmotoren durchsetzen wird. Neben dem Umstieg auf öffentlichen oder für Kurzstrecken nicht motorisierten Verkehr stellen in den nächsten Jahren Effizienzsteigerungen bei konventionellen Fahrzeugen sowie der Wechsel zu kleineren Wägen die erfolgversprechendsten Varianten der Klimaschonung dar. Bei Elektrofahrzeugen sind nebst Hinderungsgründen in Bezug auf die Infrastruktur auch die Umwelt- und Klimafreundlichkeit – obwohl gerne proklamiert – nicht eindeutig. Einerseits kann zwar durch die lokale Emissionsfreiheit von Elektrofahrzeugen in Ballungsräumen z. B. die Lärm-, Smog- und Feinstaubbelastung reduziert werden. Andererseits ist Umweltschutz nicht nur Klimaschutz und Klimaschutz darf nicht auf Kosten anderer Nachhaltigkeitsbereiche gehen. Vor allem der Strommix des Landes, in welchem das Auto betrieben wird, und die Frage der Recyclingfähigkeit der Batterie sind hier hervorzuheben. Auch ist der Rohstoffeinsatz in der Batterieherstellung maßgeblich, insbesondere wenn die geopolitische Verteilung der benötigten Metalle, Seltenen Erden u. a. in Betracht gezogen wird. Eindeutig zeigt sich jedoch, dass langfristig weniger im Innenleben der Fahrzeuge als vielmehr in den Köpfen der Menschen angesetzt werden muss. Dies gilt für die NutzerInnen von Fuhrparks genauso wie für das StudentInnenteam wie auch für Sie als LeserIn.

DAS ZIEL IST DER WEG

MAG. CHRISTIAN KERN
ÖBB-HOLDING AG

Was für Österreich vor nunmehr 175 Jahren als technische Revolution mit einem neuen Komfort und einer unglaublichen Geschwindigkeit begann, ist heute moderner denn je – die Bahn. Und doch schien das Auto – das einige Jahrzehnte später angetreten war, die Gunst der Benutzer zu erobern – unschlagbar zu sein. Mittlerweile sieht es jedoch so aus, als würde sich der Trend wieder umkehren, und dafür gibt es mehrere gute Gründe: Die Eisenbahn ist ein effizientes Massentransportmittel mit großen Kapazitäten. Worauf bis vor gar nicht allzu langer Zeit wohl kaum einer gewettet hätte, ist also eingetreten. Auto und Flugzeug haben eindeutig an Attraktivität eingebüßt. Der Individualverkehr hat zwischen Staus, teurem Sprit und Parkplatzsuche seine Individualität verloren, und das Fliegen hat durch langwierige Sicherheitskontrollen, Wartezeiten und eingeschränkten Komfort ebenfalls seinen Reiz eingebüßt. Stattdessen feiert die „gute alte Eisenbahn" eine unerwartete Renaissance und punktet mit Sicherheit und Verlässlichkeit, aber auch Geschwindigkeit und Komfort. Nicht zu vergessen die ökologische Komponente: Die Eisenbahn transportiert die Menschen umweltfreundlich. In Zeiten, in denen die dringend erforderliche Reduktion der CO_2-Belastung im allgemeinen Interesse steht, ein nicht zu unterschätzendes Argument.

Was im ersten Moment wie eine Hymne auf die Bahn klingt, zeigt uns bei näherer Betrachtung: Die Mobilität ist im Wandel, und wir stehen dabei erst am Anfang. Aber wir können jetzt bereits abschätzen, in welche Richtung es gehen könnte. Der Trend

CHRISTIAN KERN

weg vom Auto hin zu öffentlichen Verkehrsmitteln wird sich vor allem im urbanen Bereich weiter verstärken.

Ein Umdenken in Richtung moderne Mobilität hat bereits begonnen – weg vom Individualverkehr hin zu einem individuellen Mobilitätsmix. Signifikant dafür: Seit 2003 ist der Motorisierungsgrad in Wien insgesamt um vier Prozent gesunken. In studentisch geprägten, „jüngeren" Bezirken fällt dieser Attraktivitätsverlust des Autos noch deutlicher aus. So ist im 9. Bezirk (Alsergrund) die Motorisierung der Bewohner sogar um elf Prozent zurückgegangen. Eine ähnliche Entwicklung ist auch in Graz feststellbar. Der urbane Lifestyle verzichtet also zunehmend auf das Auto. „Nutzen statt besitzen" lautet das Motto der neuen Mobilitätskultur, in der aus Verkehr Mobilität und aus einzelnen Verkehrsmitteln eine Mobilitätskette wird. Die Pläne für künftige „Smart Cities" verstärken diesen Trend zu einer sauberen und nachhaltigen Fortbewegung.

Die Zukunft bei den ÖBB ist bereits in der Gegenwart angekommen. Projekte wie eMORAIL und SMILE sind auf die Zukunft ausgerichtet und machen deutlich, dass die ÖBB sich mit rasanter Geschwindigkeit von einem Bahnunternehmen zu einem umfassenden Mobilitätsdienstleister entwickeln. Das Angebot der Bahn wird künftig nicht der Zug (oder auch der Bus) sein, sondern Mobilität. Dieses Service wird mehrere Verkehrsträger wie Zug, Bus, Carsharing und Bikesharing zu einer sinnvollen und auf die Bedürfnisse und Wünsche der Kunden ausgerichteten Mobilitätskette verknüpfen. Abgewickelt und abgerechnet wird diese Dienstleistung dann über eine Mobilitätsplattform. Nicht mehr das Transportmittel wird im Mittelpunkt der Planung stehen, sondern der Weg selbst und die sinnvolle Verknüpfung.

Mit SMILE (Smart Mobility Info & Ticketing System Leading the Way for Effective E-Mobility Services) wird der Prototyp einer österreichweiten multimodalen Mobilitätsplattform entwickelt. Über diese Plattform werden die Dienste der unterschiedlichsten öffentlichen wie individuellen Mobilitätsdienstleister bereitgestellt. Der Weg steht im Fokus, respektive die Wünsche des Kunden. Das Lösungsangebot ist die Bereitstellung einer Mobilitätskette, die ihn von A nach B bringt. Die Konkurrenz der einzelnen Verkehrsmittel tritt in den Hintergrund, und der Komfort des Kunden tritt weiter in den Vordergrund. Der Kunde wählt aus, bucht seine Fahrt und bekommt ein Ticket für alle Verkehrsmittel. Danach erfolgt die Bezahlung ebenfalls in einem Vorgang. Die Mobilitätsplattform wird durch offene, einheitliche Schnittstellen so gestaltet, dass Anbieter von Mobilitätsdienstleistungen (e-Carsharing, e-Bike-Verleih, Parkgaragen, Ladestellen etc.) und andere Projekte, die in die gleiche Richtung gehen, leicht an dieses System ankoppeln können. Ziel ist die Etablierung einer österreichweiten Smart-Mobility-Plattform.

Eine weitere Problemstellung des öffentlichen Verkehrs ist der letzte Kilometer auf dem Weg nach Hause. Die ÖBB arbeiten an einer Antwort darauf, der Projektname

CHRISTIAN KERN

dafür lautet eMORAIL („Integrated eMobility Service for Public Transport"). Entwicklungsziel dieses Projekts ist die nachhaltige Verknüpfung von E-Sharing-Modellen in der ersten/letzten Meile mit dem öffentlichen Verkehr. Zu diesem Zweck wird eine individuelle E-Mobility-Dienstleistung für PendlerInnen in zwei ländlichen Regionen (Bucklige Welt, Leibnitz) sowie ein intermodales E-Carsharing-Angebot in zwei Städten (Wien, Graz) erprobt und umgesetzt.

eMORAIL stellt speziell für PendlerInnen eine innovative, kostengünstige und umweltschonende Mobilitätslösung dar. Die ÖBB kombinieren dabei in Kooperation mit mehreren Partnern E-Sharing (E-Car oder E-Bike) und öffentlichen Verkehr – und das alles mit einem Ticket. Verknüpft werden die E-Mobility-Services über eine Online-Mobilitätsplattform und eine Smartphone-App. Pendler haben so die Möglichkeit, ihre Alltagsmobilität ohne eigenen PKW zu gestalten. Die E-Fahrzeuge stehen für Fahrtstrecken von zu Hause zum Bahnhof bzw. vom Bahnhof zum Arbeitsplatz zur Verfügung und umgekehrt.

Mobilitätswandel – wir sind also längst mitten drinnen. Und die Bahn ist knapp 200 Jahre nach ihren Anfängen moderner denn je. Bei Distanzen bis zu 500 km und zwischen den Ballungsräumen ist die Bahn bereits heute konkurrenzlos. Das macht klar, dass ein schönes Stück des Weges für den Mobilitätsmix der Zukunft über die Schiene führt.

RADFAHREN ERMÖGLICHT HOHE MOBILITÄT IN WIEN

DIPL.-ING. MARTIN BLUM
RADVERKEHRSBEAUFTRAGTER DER STADT WIEN

Im Jahr 2011 hat der Radverkehr in Wien um 20 Prozent gegenüber dem Jahr 2010 zugenommen. Sechs Prozent der Alltagswege der Wienerinnen und Wiener werden mittlerweile mit dem Fahrrad zurückgelegt. Das ehrgeizige Ziel der Stadt Wien lautet, diesen Anteil bis zum Jahr 2015 auf zehn Prozent zu heben.

Mehr Radverkehr ist kein Phänomen aus Wien. In den Metropolen New York, Los Angeles, London, Paris, Berlin, Barcelona und vielen weiteren Städten gibt es den starken Trend zum Radfahren. In New York hat sich die Anzahl der Menschen, die mit dem Rad zur Arbeit pendeln, zwischen den Jahren 2001 und 2011 vervierfacht. International setzt ein Umdenken bei städtischer Mobilität ein. Die Phase der autofokussierten Verkehrsplanung in Städten geht zu Ende.

Was aber bringt Radfahren überhaupt für die städtische Mobilität und wem nützt es? Nach der Definition, dass Menschen dann hoch mobil sind, wenn sie ihre täglichen Wege zeitsparend, kostengünstig und sicher zurücklegen, ist das Fahrrad in Wien das Verkehrsmittel, das die höchste Mobilität ermöglicht. Auf Distanzen von weniger als fünf Kilometern ist das Fahrrad im Durchschnitt das schnellste Verkehrsmittel. Radfahren ist sehr kostengünstig und wird dabei nur vom Zu-Fuß-Gehen überboten. Die Gefahr, beim Radfahren im Straßenverkehr in Wien tödlich zu verunglücken, ist pro zurückgelegtem Weg sogar geringer als beim Gehen.

MARTIN BLUM

Ein großer gesellschaftlicher Profit des Radfahrens ist der Gesundheitsnutzen. Menschen, die täglich mit dem Rad fahren, sind gesünder. In Wien könnten durch eine Verdoppelung des Radverkehrsanteils jährlich etwa 150 Todesfälle und 2.000 Krankheitsfälle vermieden werden. Hinzu kommt der Beitrag zum Klima- und Umweltschutz. Jede Autofahrt, die durch eine Radfahrt ersetzt wird, verringert den CO_2-Ausstoß der Stadt. Auch die Feinstaub- und Lärmbelastung wird durch Radfahren gesenkt.

Das Potenzial zur Steigerung des Radverkehrs in Wien ist groß. Die Bedingungen zur Kombination von öffentlichem Verkehr und Fahrrad als Zubringer sind aufgrund des guten öffentlichen Verkehrs optimal. Lastenräder sind für Familien und innerstädtische Logistik und Gewerbenutzung sehr gut geeignet. Was möglich ist, macht Kopenhagen mit rund 35.000 Lastenrädern vor. Mit Elektrofahrrädern wird Radfahren für neue Zielgruppen attraktiv. Längere Strecken und hügeliges Gelände stellen keine Hürde mehr dar.

Der vermutlich größte Nutzen des Radfahrens ist die Integration der Menschen in die Stadt. Mit keinem Verkehrsmittel lässt sich die Stadt so intensiv erleben wie mit dem Fahrrad. Die für das Wohlfühlen in der Stadt so wichtigen Erdgeschoß-Zonen mit Geschäften, Gastronomie und Kulturnutzungen werden dadurch belebt. Und was noch wichtig ist: Bei all den Vorteilen macht Radfahren im Alltag ganz einfach Freude. Schließlich ist Radfahren auch Österreichs beliebteste Sportart in der Freizeit.

KOMMUNIKATIONS-TECHNOLOGIEN
UND MOBILITÄTSDIENSTE

ITS VIENNA REGION UND ANACHB.AT

DIPL.-ING. HANS FIBY
DIPL.-ING. KLAUS HEIMBUCHNER
ITS VIENNA REGION

Gemeinsam in der Vienna Region

In der Europäischen Union leben bereits mehr als 75 % aller Menschen in urbanen Regionen. Dadurch entstehen besondere Mobilitätsbedürfnisse, die entsprechende verkehrspolitische Strategien und Ziele erfordern. Im Zentrum steht die optimale Erreichbarkeit der verschiedenen Standorte, Zentren und Regionen bei zugleich möglichst effizienter Nutzung des begrenzten öffentlichen Raums in urbanen Gebieten. Das moderne Verkehrsgeschehen muss dabei möglichst ökologisch, dynamisch, sozial gerecht und dem jeweiligen Umfeld angepasst sein. Im Bereich der Intelligent Transport Systems (ITS) bedeutet das neben Verkehrssteuerung und -lenkung vor allem auch, dass die öffentliche Hand zuverlässige und einfach nutzbare Verkehrsservices für alle VerkehrsteilnehmerInnen anbieten muss.

Durch die dynamische Entwicklung neuer Antriebstechnologien und Carsharing-Systeme bekommen solche Verkehrsservices einen noch wichtigeren Stellenwert. Wo kann ich mein E-Fahrzeug aufladen? Wie sieht die optimale Route aus, damit ich mit einer Akkuladung möglichst weit komme? Wo kann ich im Umfeld das nächste Carsharing-Fahrzeug ausborgen? Wo kann ich in eine Park & Ride-Anlage fahren, um anschließend mit öffentlichen Verkehrsmitteln ins Stadtzentrum zu gelangen?

Aktuelle Verkehrsinformation, ökologisches und flexibles Routing und beste Erreichbarkeit sind auch entscheidende Standortvorteile für die Vienna Region. Die drei Bundesländer Wien, Niederösterreich und Burgenland haben daher 2006 ITS

Vienna Region als ihr gemeinsames Verkehrstelematik-Projekt gegründet. Seit 2009 betreibt ITS Vienna Region das Echtzeit-Verkehrsservice AnachB.at, das mittlerweile über 1 Million Routen pro Monat berechnet.

AnachB.at – genau mein Weg

Mit dem kostenlosen Verkehrsservice AnachB.at können Sie jederzeit den für Sie besten Weg finden, wenn Sie in Wien, Niederösterreich und Burgenland von A nach B wollen. AnachB.at gibt es als Website unter www.AnachB.at, als Smartphone-App für iPhone und Android, als iGoogle-Gadget und als Widget-Modul zur Integration in jede Website. AnachB.at vereint eine Reihe von Funktionen:

Der AnachB.at Routenplaner funktioniert gleichwertig für öffentliche Verkehrsmittel, Radfahren, Zu-Fuß-Gehen und Autofahren. Sie können dabei auch einzelne Verkehrsmittel kombinieren, z. B. bei Park & Ride, Bike & Ride oder Fahrradmitnahme. AnachB.at bietet dabei immer eine Auswahl an verschiedenen Routenmöglichkeiten und Verkehrsmitteln.

Die AnachB.at Verkehrslage bietet sofort einen Überblick über das aktuelle Geschehen im Straßenverkehr und wird alle 7,5 Minuten aktualisiert. Rot steht für Stau, Gelb für zähen Verkehr und Grün für freie Fahrt. Bei den AnachB.at Smartphone-Apps erfährt man über den Abfahrtsmonitor, wann bei einer Haltestelle das nächste öffentliche Verkehrsmittel eintrifft.

Die AnachB.at Webcams liefern zusätzlich Live-Bilder von einzelnen Straßenabschnitten in der ganzen Vienna Region. Baustellen, Umleitungen und Verkehrsmeldungen werden sofort auf AnachB.at dargestellt und auch vom Routenplaner

HANS FIBY
KLAUS HEIMBUCHNER

berücksichtigt. In der AnachB.at Karte finden Sie alle Radabstellplätze sowie Stationen von Nextbike und Citybike Wien. Bei diesen werden sogar in Echtzeit die verfügbaren Citybikes und freien Stellplätze angezeigt.

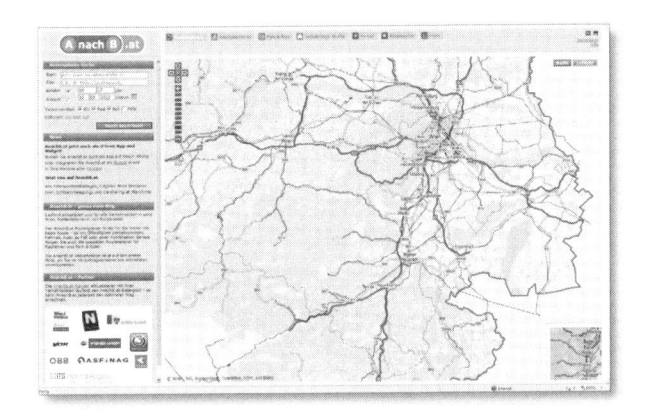

AnachB.at Website
www.AnachB.at

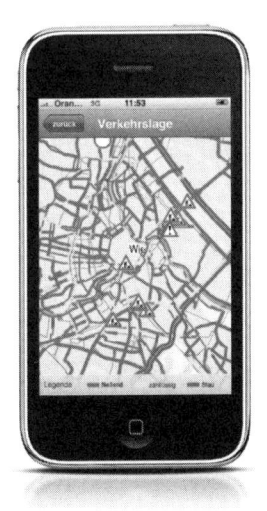

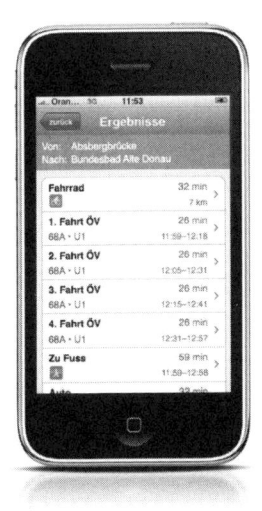

AnachB.at als App für
iPhone und Android

AnachB.at als Widget
für jede Website

AnachB.at – umfassender, aktueller, genauer

AnachB.at hat gegenüber herkömmlichen Verkehrsservices eine Reihe von entscheidenden Vorteilen:
› AnachB.at ist umfassender, da es für alle Verkehrsarten, also öffentlichen Verkehr, Radfahren, Zu-Fuß-Gehen und Autofahren, funktioniert. Der Routenplaner schlägt immer mehrere Möglichkeiten vor, sodass man vergleichen und den persönlich besten Weg auswählen kann.
› AnachB.at kann auch verschiedene Verkehrsmittel miteinander kombinieren und bietet damit völlig neue flexible Möglichkeiten. So kann man seinen Weg z. B. zuerst mit dem Fahrrad, anschließend mit der Schnellbahn und abschließend zu Fuß zurücklegen.
› AnachB.at ist aktueller als alle herkömmlichen Verkehrsservices. Die Verkehrslage wird alle 7,5 Minuten aktualisiert, der Routenplaner stellt sich automatisch darauf

HANS FIBY
KLAUS HEIMBUCHNER

ein. Auch alle Umleitungen, Verspätungen oder Änderungen im Verkehrsnetz werden von AnachB.at berücksichtigt.
› AnachB.at ist genauer und kann die besten und aktuellsten Daten nutzen, da es ein Projekt der Bundesländer Wien, Niederösterreich und Burgenland ist. Darüber hinaus sind ASFINAG, ÖBB, Wiener Linien, Polizei, die Ö3-Verkehrsredaktion, die Taxiunternehmen 31300, 40100 und 60160, Carsharing.at, Citybike Wien, Verkehrsverbund Ost-Region VOR und Nextbike Datenpartner von AnachB.at.

Graphenintegrations-Plattform GIP als digitales Verkehrsnetz

Jedes intelligente Verkehrsservice braucht als Grundlage ein digitales Verkehrsnetz (= Graph), auf dem zum Beispiel Routen oder die Verkehrslage berechnet werden können. AnachB.at nutzt hier die neu entwickelte Graphenintegrationsplattform GIP. Die GIP ist wesentlich detaillierter als alle herkömmlichen Graphen. Sie wird von den öffentlichen Stellen laufend aktualisiert, sodass Änderungen im Verkehrsnetz, Umleitungen oder Sperren sofort sichtbar sind.

Außerdem beinhaltet die GIP wesentlich detaillierter als andere Graphen spezifische Fahrbahninformationen, etwa zu Abbiegemöglichkeiten oder Radfahren gegen die Einbahn. Die GIP kann damit nicht nur als Basis für AnachB.at genutzt werden, sondern eignet sich sogar für rechtsverbindliche Verwaltungsabläufe und E-Government-Prozesse. In den Projekten GIP.at, GIP.gv.at und Verkehrsauskunft Österreich VAO wird die GIP in ganz Österreich etabliert, Werkzeuge für ihre laufende Aktualisierung und darauf aufbauend eine umfassende österreichweite Verkehrsauskunft entwickelt.

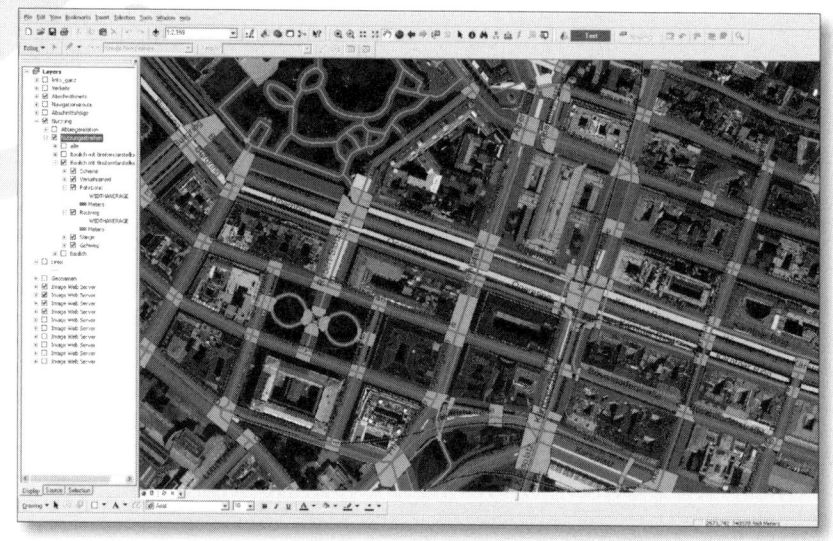

Die Graphenintegrationsplattform GIP als digitales Verkehrsnetz

ITS Vienna Region

ITS Vienna Region wurde von den drei Bundesländern Wien, Niederösterreich und Burgenland im Jahr 2006 als gemeinsames Verkehrstelematik-Projekt gegründet und als eigenständiges Projekt im Verkehrsverbund Ost-Region VOR eingebettet. ITS Vienna Region beschäftigt aktuell rund 10 MitarbeiterInnen, wird von den drei Bundesländern finanziert und engagiert sich in zahlreichen geförderten Forschungsprojekten. ITS Vienna Region geht stets von den verkehrs-, umwelt- und stadtentwicklungspolitischen Zielen und Programmen der Bundesländer aus. Vor allem geht es dabei um die Attraktivierung ökologischer Mobilität – also öffentlicher Verkehr, Radfahren, Zu-Fuß-Gehen und sogenannte intermodale Angebote (Park & Ride, Bike & Ride, Fahrradmitnahme). Alle VerkehrsteilnehmerInnen sollen mithilfe aktueller Information, flexibler Services und Vergleichbarkeit ihren persönlich besten Weg

HANS FIBY
KLAUS HEIMBUCHNER

von A nach B finden können und zugleich auf die Vorteile ökologischer Mobilität aufmerksam gemacht werden.

ITS Vienna Region hat daher AnachB.at entwickelt und 2009 erstmals vorgestellt. Außerdem unterstützt ITS Vienna Region die Länder bei Verkehrsmanagement, E-Government und Verwaltung. Um dafür optimale Grundlagen zu schaffen, führt ITS Vienna Region die Verkehrsdaten der zahlreichen Partner und Datenquellen in einen gemeinsamen Datenpool zusammen, optimiert die Datenqualität, errechnet daraus ein Echtzeit-Verkehrslagebild für die gesamte Vienna Region und legt dieses über die neu entwickelte Graphenintegrationsplattform GIP.

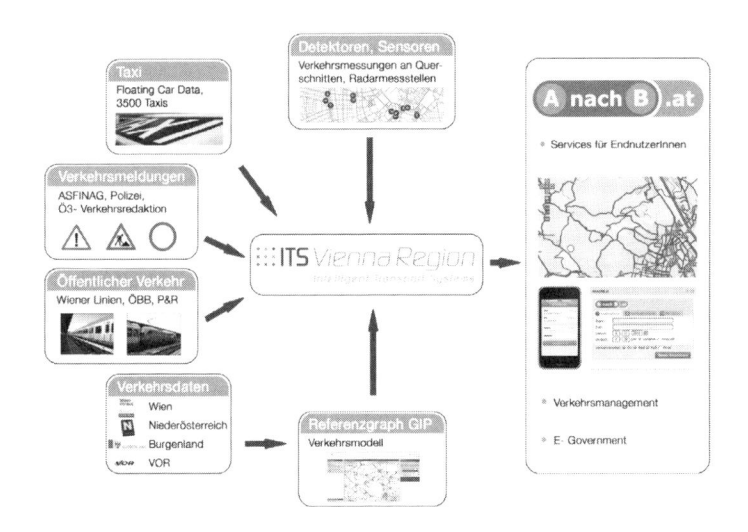

WEBLINKS

www.itsviennaregion.at, www.AnachB.at, www.Verkehrsauskunft.at, www.GIP.gv.at
(alle Abbildungen: © ITS Vienna Region)

ITS MOBILITY

DR. WALTER HECKE
TRAFFICPASS HOLDING GMBH, WIEN

1. Anspruch auf Mobilität

Ständig zunehmendes Mobilitätsbedürfnis, der Wunsch, rasch an sein Ziel zu gelangen, und das auch komfortabel, bewirken eine weiterhin ansteigende Zahl an Kfz-Zulassungen und dadurch ein erhöhtes Verkehrsaufkommen.

Staus an Einfahrts- bzw. Ausfahrtsstraßen, an „Points of Interest" sowie Parkplatznot stellen mittlerweile auch kleinere Kommunen vor neue Herausforderungen.

Nahezu alle verantwortlichen Verkehrsverbünde sowie die zuständigen Vertreter der öffentlichen Stellen der Länder und des Bundes beschäftigen sich mit Konzepten zur Projektion auf die Jahre 2015, 2020 oder gar 2050.

Überall werden die Worte Smart City, Smart Traffic verwendet und Projektnamen wie SMILE werden strapaziert, um die Hoffnung der Verkehrsteilnehmer auf Besserung der derzeitigen Situation zu fokussieren. Zu lachen haben allerdings weder Autofahrer, Radfahrer noch Nutzer der öffentlichen Nahverkehre.

Zu groß sind die Schritte, die die Projekte dem Bürger versprechen, zu klein erscheint dem Nutzer die Verbesserung. Wo sind die P+R-Anlagen, die dem Autofahrer die Umstiegsmöglichkeiten zu attraktiven Bedingungen bieten? In Wien stehen für ca. 250.000 Pendler gerade einmal 17.000 Stellplätze in P+R-Anlagen zur Verfügung.

Auch das Fahrrad wird nur einen Teil der Anforderungen bewältigen. Neuesten Untersuchungen zufolge liegt die Nutzung öffentlicher Verkehrsmittel in urbanen Gebieten bei bis zu 50%. Zusätzlich nimmt die Zahl der RadfahrerInnen ebenfalls ständig zu. Verstärkt werden Mietfahrräder geboten und eigene Radwege und Fahrstreifen errichtet, um diesen VerkehrsteilnehmerInnen mehr Sicherheit zu bieten. Zusätzlich werden laufend neue Förderungsmaßnahmen für die Anschaffung von Elektro-Fahrrädern angeboten. Seitens der Fahrzeughersteller wurden sowohl die Reichweiten verbessert als auch die Anschaffungspreise in realistische Größenordnungen gebracht.

Aber wie wird die Versorgung mit Elektrizität sichergestellt, aus welchen Quellen kommt der Strom und wie wird er verteilt? Auch hier sind wieder smarte Lösungen im Gespräch.

2. Die Logik der Mobilität

fordert mehr gemeinsame Konzepte, die zumindest die Schnittstellen definieren, damit ähnlich gelagerte Städte und Kommunen andocken können. Europäische Standards sind gefragt. Im Mautbereich fordert die EU für den LKW-Verkehr ab 2013 und für den PKW ab 2015 Interoperabilität. Sogenannte EETS-Provider sind bis heute nicht sichtbar, da die Geschäftsmodelle noch nicht ausreichend klar definiert sind.

Mit der Entwicklung und Umsetzung intelligenter – und vor allem individueller – Parkraumbewirtschaftungskonzepte ergeben sich jedoch für Gemeinden auch neue

> Chancen auf Verbesserungen bei der Verkehrssteuerung,
> Chancen, kommunale Einnahmen zu lukrieren, und
> Chancen, gänzlich neue Verkehrskonzepte zu implementieren.

Die Vernetzung der Verkehrsträger ist das Thema vieler Initiativen und Projekte, bei gleichzeitiger Information über die jeweilige Verkehrslage.

POLITIK
› Vorgaben
› Förderung
› Lenkung

STÄDTE- & VERKEHRS-PLANER
› nachhaltig
› umsetzbar
› wirtschaftlich
› ökologisch
› überregional
› kundennah und bedarfsorientiert

HERSTELLER & DIENSTLEISTER
› übergreifende Systeme und Services anbieten
› webbasierte Plattformen entwickeln
› vorhandene Systeme in Zukunftskonzepte einbinden
› erforderliche Schnittstellen realisieren

KOMMUNALE BETREIBER
› öffentliche und private Betreiber
› wirtschaftlich
› kundenorientiert

Wichtige internationale Entwicklungen in Europa lassen folgende Grundsätze als unabdingbar erscheinen. Drei „i" sind der Schlüssel zu mehr Effizienz:

INTERMODAL
Vernetzung der Verkehrsträger

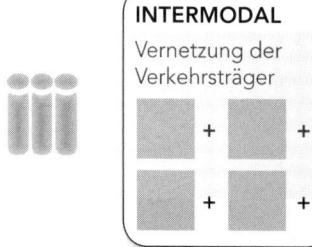

INTEROPERABEL
Überregionale Vernetzung von
› Technik
› Systemen
› Betreibern

INTERNATIONAL
Einheitliche Benutzung
› kommunen- und länderübergreifend
› grenzüberschreitender Bankeinzug – SEPA
› Pre-pay

3. Mobilitätsdienstleistungen

Autofahrerclubs werden zu Mobilitätsclubs und zunehmend starten Betreiber von Bezahlsystemen als unabhängige Plattformen, die die Dienstleistungen im intermodalen Mobilitätsgeschehen mit modernen Medien anbieten.

Damit wird ermöglicht, dass der Autofahrer bzw. die Autofahrerin in allen Städten nicht mehr fragen muss, ob eine Kurzparkregelung besteht und wie er bzw. sie zu einem Parkschein kommt. Die GPS-unterstützte Software erledigt diese Aufgabe für die User. Zwei Medien werden sich in Zukunft in diesem Bereich durchsetzen. Einerseits das Smartphone, dessen Penetrationsraten bis 2015 wohl bei 80 % liegen werden, und die NFC-Karten, die im Micropaymentbereich pinlos verwendet werden können. Neue Smartphone-Modelle werden ab 2013 NFC-Chips verwenden.

Das österreichische Unternehmen TRAFFICPASS (www.trafficpass.com) bietet bereits in vielen Städten Österreichs ein sehr komfortables Parkservice im Kurzparkbereich sowie eine automatische Schrankenöffnung für registrierte User beim Durchfahren von Videomautspuren der ASFINAG an und erweitert laufend seine Angebote in Richtung einer intermodalen Serviceleistung für Fahrräder, Carsharing, E-Tanken und ÖPNV.

Problemlos und einfach Parken mittels App
- Automatische **Positionsbestimmung**
- Anzeige der **Parkzonen-Informationen**
- Anzeige der Adresse
- Zum Starten des Parkvorgangs drücken Sie **START** (3 sec)
- Zum Beenden des Parkvorgangs drücken Sie **STOP**

KOMMUNIKATIONSTECHNOLOGIEN UND MOBILITÄT

JAN TRIONOW
HUTCHISON 3G ÖSTERREICH

Verantwortungsvolles Handeln in einer vernetzten Zukunft

Die Vision der Zukunft sind total vernetzte Städte (Smart Cities), in denen wir in unserem Streben nach einer hohen Lebensqualität nachhaltig und zukunftsfähig leben möchten. Mit diesem Ziel eng einher geht die Reduktion des Energiebedarfs und damit verbunden die Umstellung der Transportmittel auf nachhaltige Energie, effizientes Energiemanagement und vieles mehr. Was es aber auch heißt: eine verstärkte Vernetzung der Kommunikation mit- und untereinander.

Die Zukunft der Kommunikation hat bereits begonnen

Eines ist klar: Ohne Handy oder Smartphone geht heute kaum noch jemand außer Haus. Betrachtet man die Statistik, so erweist sich Österreich als wahres Mobilfunkland: Auf jeden Österreicher kommen im Schnitt 1,5 SIM-Karten[1]. Längst geht es bei der Mobilfunknutzung jedoch nicht mehr ausschließlich um das reine Telefonieren oder die Erreichbarkeit. Smartphones werden mittlerweile von nahezu jeder Altersstufe gekauft und verwendet. Das Mobiltelefon wird zunehmend zum Multimediadevice und Alleskönner.

Moderne Kommunikation wird im wahrsten Sinne des Wortes immer smarter. Eine moderne und leistungsfähige mobile Kommunikationstechnologie ist dazu die Grundvoraussetzung. Denn die Kommunikation der Zukunft hat zahlreiche neue Kanäle

---

[1] Quelle: RTR Telekom Monitor 1/2012, S. 27

JAN TRIONOW

gefunden, die jeweils wiederum ihre eigene Sprache sprechen. Denken wir allein an die vielen unterschiedlichen Apps und Programme: vom E-Mail-Client bis hin zu Social-Media-Apps. Der Markt wird größer und die Kommunikation immer schneller und einfacher.

Mobile Kommunikation hat darüber hinaus viele weitere Facetten. Mobilfunkunternehmen stellen die notwendige Infrastruktur (Connectivity) und eine Vielzahl an Anwendungen und Services zur Verfügung. Multimediahandys unterstützen heute weit mehr, als wir uns alle noch vor ein bis zwei Jahren vorstellen konnten: Die Bandbreite reicht von Online-Ticketing bis hin zum Online-Banking per App. Neben den sogenannten Smart Terminals (Smartphone, Tablets etc.) findet aber (mobile) Connectivity auch mehr und mehr Einzug in alltägliche Geräte: Consumer Electronic Devices, Alarmanlagen, Haushaltsgeräte, aber beispielsweise auch in Fahrzeuge, bei Haltestellen, Verkehrsmesspunkten, Stromtankstellen oder etwa Stromzählern (Smart Meters). Der Überbegriff für diese millionenfach Connected Devices – und einer der wesentlichsten Begriffe in der Gestaltung des Lebens von morgen – ist „Machine to Machine Communication", kurz M2M. Dabei handelt es sich um einen extrem dynamischen und zukunftsträchtigen Markt, der sich stetig weiterentwickelt. Mit dem Ziel, das Leben noch einfacher und die Kommunikation noch besser zu machen.

Bereits heute leistet Hutchison 3G Austria beispielsweise durch die Versorgung der U-Bahnen oder die digitale Vernetzung von Out-of-Home-Displays in einem öffentlichen Wiener Verkehrsmittel (Busse) einen Meilenstein in dieser Evolution. Als Mobilfunkbetreiber stellen wir unseren Kunden aber auch vorinstallierte Anwendungen zur Verfügung, die das Leben im urbanen Lebensraum vereinfachen: lokaler Content, lokale Suche, Hotelreservierungs-Apps und vieles mehr.

Längst betrifft moderne Kommunikationstechnologie nicht mehr nur eine junge Zielgruppe, sondern auch ältere Menschen, die andere Anforderungen und damit Herausforderungen an moderne Kommunikation stellen. Die Betreuung von älteren und pflegebedürftigen Menschen ist eine der wichtigsten Aufgaben der Zukunft. Die moderne Technik leistet hierbei einen großen Beitrag und ermöglicht schon heute interessante und zukunftsfähige Lösungen.

Beispielsweise hat sich der Forschungsbereich Ambient Assisted Living das Ziel gesetzt, älteren Menschen das Leben innerhalb der eigenen vier Wände zu erleichtern und ihnen Unabhängigkeit und Flexibilität zu bieten. Im Rahmen des Projektes „Casa Vecchia" erforscht die Universität Klagenfurt mit der technischen Unterstützung von 3 die Möglichkeiten von Ambient Assisted Living im ländlichen Raum.

So können etwa eingehende Anrufe oder SMS über eine angeschlossene LED-Lampe signalisiert werden und werden so leichter wahrgenommen. Im Rahmen des Projektes „Casa Vecchia" werden Angehörige außerdem zuverlässig und zeitnah über den Status älterer Familienmitglieder informiert. Auch Personen, die den Umgang mit Computern nicht gewohnt sind, profitieren von modernen Lösungen für mehr Sicherheit im Alltag.

JAN TRIONOW

Moderne Kommunikation = moderne Infrastruktur

Diese Einzelbeispiele sind Puzzleteile eines großen Ganzen: der Smart Cities. Smart Cities sollen keine Vision bleiben – sondern als realisierbares Ziel für die nahe Zukunft festgelegt werden. Schließlich geht es hierbei nicht nur um den technologischen Fortschritt, sondern um die Lebensqualität jedes Einzelnen, die dann zunimmt, wenn es weniger CO_2-Emissionen gibt, Infrastruktur optimiert, erneuerbare Energien gefördert und Abläufe verbessert werden.

Der Einsatz von intelligenten Kommunikationsgeräten wie Smartphones und die damit verbundene digitale Mobilität können sich auf unterschiedliche Art und Weise auf andere Formen der Mobilität auswirken[2]: Zum einen kann dadurch die Notwendigkeit der physischen Fortbewegung entfallen – wie etwa durch Home-Office-Lösungen, Online-Einkauf etc. Andererseits kann sich auch die Art der Fortbewegung ändern: Beispielsweise können durch Routenplaner Wege optimiert oder das bestmögliche oder das günstigste Verkehrsmittel ausgesucht werden.

Der gesamte Bereich der Near Field Communication – kurz NFC – ermöglicht den kontaktlosen Austausch von Daten über kurze Strecken und lässt damit unter anderem berührungsloses Zahlen zu. Zukünftig könnte damit beispielsweise einzig und

---

[2] www2.ffg.at/verkehr/file.php?id=312, „Die Wirkungen von multimodalen Verkehrsinformationssystemen", ITSworks Team, Dezember 2010, Seite 14.

allein das Smartphone der Schlüssel für Autos oder Ähnliches sein. Die Österreichischen Bundesbahnen und 3 arbeiten zudem derzeit an einem vielversprechenden Projekt zusammen, das Smartphones zum zentralen Informationsmedium und Schlüssel zu den Mobilitätsleistungen machen wird. Das Projekt eMORAIL will damit eine lückenlose Kommunikation zwischen unterschiedlichsten Verkehrsmitteln und deren Nutzern (Pendlern) ermöglichen.

Tatsache ist: Mobile Kommunikation hat unser aller Leben bereits jetzt massiv verändert und wird dies auch weiter tun. Neben dem Smartphone als möglichem Steuerungstool wird es weltweit bis 2016 über 100 Milliarden vernetzte Objekte geben. Die meisten davon werden über mobile Netze eingebunden sein. Als Mobilfunkunternehmen blicken wir dieser Zukunft gespannt entgegen und sind bereit, sie aktiv und nachhaltig mitzugestalten.

INNOVATIVE TAXIVERMITTLUNG REDUZIERT LEERKILOMETER UND SCHADSTOFFAUSSTOSS

MARTIN HARTMANN
TAXI 40100 TAXIFUNKZENTRALE GMBH

Der Klimawandel ist eine Realität und im Alltag angekommen. Natürlich regiert, wenn es darum geht, seine Ursachen zu lokalisieren bzw. Folgen zu reduzieren, das fröhlichste Florianiprinzip: „Warum ich, die anderen sind ja noch viel schlimmer." Fakt ist, dass jedes menschliche Handeln eine Beeinträchtigung der Umwelt mit sich bringt, Industrie und Gewerbe genauso wie die Haushalte und Konsumenten, aber natürlich auch Mobilität und Verkehr.

Natürlich ist es unrealistisch, zu erwarten, dass der Verkehr aus Umweltgründen von heute auf morgen eingestellt wird. Dazu ist unser derzeitiges Mobilitätsverhalten zu sehr in unserer Arbeits- und Freizeit-/Konsumwelt verankert. Umso mehr gilt es, dass jedes Element im Verkehr einen Beitrag zur Reduktion der Umweltbelastung leistet, also Verkehrsträger, Verkehrsmittel und Verkehrsteilnehmer. So auch das Taxigewerbe.

Zur Einleitung: Taxis sind ein Teil des öffentlichen Personennahverkehrs. Deshalb besteht für sie – wie zum Beispiel für die Wiener Linien – ein Kontrahierungszwang bzw. Beförderungspflicht. Weiter ist in Wien, ebenfalls wieder wie bei Straßenbahn und Bus, ein vom Bürgermeister verordneter Fixtarif in Kraft: Dieser darf weder über- noch unterschritten werden. Derzeit sind in Wien 4.700 Taxis in Betrieb; ca. 2.200 davon sind ohne Funk unterwegs, das heißt, sie erreichen ihre Fahrgäste auf den Standplätzen oder werden von ihnen unterwegs aufgehalten. Das ist natürlich ineffizient, da die Wagen nach einem Fahrtauftrag wieder zu einem geeigneten Standplatz fahren müssen: Zeitvergeudung und leere Kilometer mit der entsprechenden Umweltbelastung sind die Folge.

Besser funktioniert das bei der von der Funkzentrale Taxi 40100 vermittelten Flotte von 1.700 Taxis: Hier sorgt ein ausgeklügeltes System für die optimale Disposition der Fahrzeuge. Der Ablauf sieht folgendermaßen aus: Der Kunde kann sein Taxi via Telefon, online, per E-Mail oder Fax bestellen. Die Disponentin in der Zentrale nimmt den Auftrag entgegen und gibt die Adresse sowie eventuelle Sonderwünsche des Kunden (zum Beispiel eine spezielle Fahrzeugart wie Kombi) in das System ein.

Sämtliche bei der Zentrale angeschlossenen Taxis werden via GPS (Global Positioning System) geortet. Das von dem österreichischen Unternehmen fms/austrosoft entwickelte Flotten-Managementsystem ordnet nun den Kundenauftrag einem Wagen nach einem dreifachen Algorithmus zu: Berücksichtigt werden die räumliche Nähe zum Kunden, die Zeit, die der Wagen zur Kundenadresse benötigen würde, und auch die Verteilungsgerechtigkeit (sind zwei Fahrzeuge gleich gut für den Kunden positioniert, erhält das Fahrzeug den Auftrag, das schon länger frei ist). Damit das System alle relevanten Faktoren berücksichtigt, wurden in Wien 120.000 Messpunkte gesetzt, um die reale Straßensituation abzubilden. Das heißt, es sind sämtliche Abbiegeverbote, Einbahnen, Ampeln etc. berücksichtigt. Diese werden bei der Berechnung der Anfahrtsroute ebenso berücksichtigt wie die Verkehrsflussdaten, die laufend automatisch von den Wagen abgefragt werden. Damit gehen z. B. Staus in die Kalkulation der Anfahrtszeit ein.

Auf diese Weise wird der Auftrag dem Wagen zugeordnet, der für diesen Kundenauftrag optimal positioniert ist. Eine Liste der Fahrzeuge wird in der entsprechenden

MARTIN HARTMANN

Reihung der Disponentin angezeigt, die den Auftrag dann dem ersten Fahrzeug (die Reihung kann nicht manuell overruled werden) zuteilt. Der Auftrag wird dem ausgewählten Wagen per Datenfunk auf ein Display eingespielt. Der gesamte Ablauf dauert nur wenige Sekundenbruchteile. Hat der Kunde via Telefon bestellt, teilt ihm die Disponentin die Anfahrtszeit mit.

Noch eleganter geht es, wenn der Kunde für die Bestellung die Smartphone-App von Taxi 40100 verwendet: Dann wird auch sein Standort geortet und das „Matching" zwischen dem optimal positionierten Fahrzeug und dem Kunden findet im System vollautomatisch statt, ohne dass eine Disponentin involviert ist. Die Anfahrtszeit des Taxis wird dem Kunden auf dem Screen seines Smartphones angezeigt, wie auch das Taxi in Anfahrt.

Neben der Optimierung der Anfahrtsroute, die der Umwelt (und auch den Taxiunternehmern – Umweltschutz rechnet sich!) jährlich Millionen leer zurückgelegter Kilometer erspart, sind auch die verwendeten Antriebstechnologien umweltrelevant.

Bei Taxi 40100 werden nur Fahrzeuge in die Flotte aufgenommen, die mindestens die Euro-5-Abgasnorm erfüllen. 10 % der Flotte verfügen bereits über besonders umweltschonende Antriebssysteme wie Hybrid oder Erdgas (NCG). Im Herbst 2012 werden die ersten Plug-in-Hybride in der Flotte unterwegs sein. Ein Testlauf mit einem rein elektrisch angetriebenen Fahrzeug steht kurz bevor. Umweltbewusste Kunden können bei Taxi 40100 explizit ein umweltschonendes Taxi bestellen.

ÖFFENTLICHE UND PRIVATE FINANZIERUNGS-MODELLE

PPP-MODELL VERSUS ÖFFENTLICHE HAND?

DIPL.-ING.IN BRIGITTE JILKA MBA
STADTBAUDIREKTORIN VON WIEN

Um die Frage direkt zu beantworten: Einen grundsätzlichen Gegensatz zwischen PPP und öffentlicher Hand zu konstruieren scheint alleine aus der Begrifflichkeit heraus – der Öffentliche ist dem Modell ja immanent – nicht opportun. Sehr wohl ist es aber legitim und wichtig herauszuarbeiten, in welchen Fällen eine durchgängige Aufgabenerledigung durch die öffentliche Hand erfolgen soll und wann es zu einer Aufgabenteilung oder zu einer gänzlichen Aufgabenver- bzw. -auslagerung kommen soll.

Ich möchte nicht zum wiederholten Male auf die vielen, je nach Rechtslage und Wirtschaftsinteresse unterschiedlichen Definitionen von PPP eingehen, sondern die Arbeitsdefinition übernehmen, welche die Republik Österreich in ihrer Stellungnahme zum Entwurf des Grünbuchs der EU abgegeben hat. Demnach sprechen wir von einem PPP, wenn es sich um „eine auf Dauer angelegte Kooperation von öffentlicher Hand und privater Wirtschaft bei der Planung, der Erstellung, der Finanzierung, dem Betreiben oder der Verwertung von (bislang) öffentlichen Aufgaben mit angemessener Verteilung der Risiken und Verantwortlichkeiten"[1] handelt. Dieser Wortlaut grenzt einerseits hinreichend ab – denn nicht jede Kooperation zwischen öffentlicher Hand und Privaten ist als PPP qualifizierbar. Marketingstrategien, die „PPP" als additives Positivargument einbauen, tendieren beispielsweise dazu, auch reine Auftraggeber-Auftragnehmer-Verhältnisse unter PPP zu subsumieren. Darum geht es hier nicht. Der o. a. Wortlaut enthält andererseits die Aufzählung aller Phasen einer Wertschöpfungskette und appelliert an Vernunft und Fairness, indem die

---

[1] Republik Österreich, Bundeskanzleramt (2004): Grünbuch PPP – Stellungnahme der Republik Österreich, Wien

„angemessene Verteilung der Risiken und Verantwortlichkeiten" angesprochen wird. Damit ist eine eher weite Auslegung von PPP möglich, was wiederum der Zielerreichung in Zeiten restriktiver Budgets entgegenkommen könnte.

Dies immer unter der Voraussetzung, dass Konsens darüber besteht, dass PPP grundsätzlich kein kostengünstiges Finanzierungsinstrument ist, sondern – wenn es ums Geld geht – in erster Linie der Auflösung von Investitionsstaus beim Public dient. Die Kenntnis dieser Tatsache scheint beim Public noch weniger ausgeprägt als beim Privaten. Nach den Motiven für die Gründung bzw. Entstehung von PPP befragt, geben fast 31% des Samples auf Seiten des Public „Kostenersparnis" (gegenüber 24% auf Seiten der Privaten) an. Umgekehrt geben 53% Private „strategische Gründe" an (gegenüber lediglich 35% des Public).[2]

Nachdem sich dieser Tagungsband generell mit dem Thema E-Mobility beschäftigt, ergibt sich logischerweise folgende Frage: Wie können moderne Mobilitätsformen bestmöglich unterstützt werden und sind PPP-Modelle ein taugliches Mittel dazu? Eine Kürzestanalyse der Hemmnisse auf dem Weg zur nachhaltigen Implementierung von E-Mobility fördert die notorischen Kritikpunkte am Agieren der öffentlichen Hand zu Tage. Effizienzmängel beim Bau und Betrieb der erforderlichen Infrastruktur, zu wenig Effektivität der Förderlandschaft und Unzeitigkeit in der Bereitstellung der – zudem meist außerdem inadäquaten – Budgets. Unterstellt man, dass zumindest Punkt 1 und 3 durch das Zutun Privater verbessert werden kann,

---

[2] Sandner, K./Hammerschmid, G./Kloibhofer, G./Kneissl, M.; Institut für Public Management WU-Wien (2006): PPP-Good Practices für das Verwaltungsmanagement in Großstädten anhand des konkreten Beispiels der Stadt Wien; Projektbericht für den Jubiläumsfonds der Stadt Wien

BRIGITTE JILKA

scheint zunächst eine vom konkreten Projekt abstrahierte Beleuchtung der Vor- und Nachteile von PPP angebracht.

Ein definitiver Nachteil aus dem Blickwinkel des Public sind sehr lange Vertragsdauern. Es ist praktisch ausgeschlossen, am Beginn einer über Jahrzehnte laufenden Vertragsbindung sämtliche Kriterien richtig abzuschätzen. Niemand weiß, wie sich politische Programme, die häufig daraus abgeleiteten rechtlichen Rahmenbedingungen und die wiederum daran orientierten Leistungsanforderungen in den nächsten Dekaden entwickeln werden. Dazu kommt eine geänderte Umwelt, die gerade im Bereich E-mobility vor allem indirekte Auswirkungen haben wird. Man hilft sich zwar mit mehr oder weniger phantasievollen Anpassungsklauseln, Nachverhandlungen sind dennoch wahrscheinlich. Die Aufwandssteigerungen sind nicht zuletzt in den Transaktionskosten verborgen. Es war noch nie billig, existierende Verträge auf neue Gegebenheiten hin zu adaptieren. Die Chancen für den Privaten, über Nachverhandlungen zu, aus seiner Sicht angemessenen, Abgeltungen der Leistungen zu kommen, steigen zwar durch den Informationsvorsprung, der insbesondere bei Betreibermodellen gegeben ist, das verbleibende Risiko wird jedoch in Rechnung gestellt.

E-Mobility ist sui generis im „technischen Bereich" angesiedelt. Egal, ob die Betrachtung von der Gesamtenergieeffizienz, Emissionsminimierung, Fahrzeugtechnologie oder Verkehrsplanung ausgeht, in allen diesen Fachgebieten sind naturwissenschaftlich und technisch orientierte bzw. „sozialisierte" Verwaltungsmenschen tätig. Es werden Anträge an politische Gremien gestellt, die sich ebenfalls in ihren gewohnten Ressortgrenzen bewegen. Szenariorechnungen, Kostenschätzungen, Budgetposten beziehen sich in diesem speziellen Umfeld auf Planung, Errichtung und Betrieb von Anlagen und Einrichtungen. Finanzierungs- und vor allem Rechtskosten waren bisher nicht im Fokus. Durch die im Rahmen von PPP-Projekten erforderliche umfassende und ganzheitliche Kostenkalkulation kommt es beim Public daher auch zur Verlagerung von Verantwortung. Damit setzt sich die Aufwandsspirale in Lauf, denn es wird (rechtliches) Know-how zugekauft, nicht zuletzt, um den Preis des Outsourcings der Verantwortung (Risiko) möglichst nieder zu halten. In Konsequenz ist zur Kenntnis zu nehmen, dass PPP-Projekte zumindest in der Startphase teurer sind als Eigenleistungen der öffentlichen Hand.

Dem stehen Ansatzpunkte für Kostenvorteile in Partnerschaften gegenüber. Der oft zitierte Vorteil von BOT-Modellen liegt in den wertschöpfungsübergreifenden Optimierungen, d. h., eine Investition in der Errichtung führt zu Einsparungen in der Erhaltung und/oder im Betrieb. Das schafft die Stadtverwaltung trotz aller Dezentralisierungshemmnisse und notwendigen Globalbudgetvernetzungen mittlerweile aber auch. Was ein realer Vorteil mit kostensenkender Wirkung auf der Habenseite eines PPP-Modells bleibt, ist die Tatsache, dass es den Privaten zweifellos besser gelingt, Finanztranchen punktgenau zur Verfügung zu stellen und so – abgesehen von den Ausgangskonditionen – wesentlich mehr aus der Zinslandschaft herauszuholen. Dies gilt natürlich in erster Linie für finanz- und herstellungstechnisch sehr komplexe Projekte. Für Projekte mit hohem Fremdmittelanteil empfehlen sich auch Umsetzungen im Rahmen von Firmenbeteiligungen. Kreditaufnahmen durch den öffentlichen Partner erwirken tendenziell immer noch die besten Finanzierungskonditionen. Fast die Hälfte der Antworten aus der oben reflektierten Befragung (siehe Fußnote 2) sehen Projektgesellschaften als die vorteilhafteste Form der Ausgestaltung von PPP an.

BRIGITTE JILKA

Hingegen sind die oft zum Vorteil eines PPP angeführten Projektbeschleunigungen, welche bei Großprojekten bis zu 20% Kosten- und Zeitersparnis zeitigen sollen, nicht mehr so wirksam. Budgetrestriktionen sowie der enge Rahmen der Vergabe- und Wettbewerbsregulative zwingen den Public zu Professionalitätssteigerungen mit dem gleichen Ziel.

Es ist davon auszugehen, dass E-Mobility-Fragen noch viele Jahre weiterentwickelt werden. Die resultierenden langfristigen Zielhorizonte sind mit der Kurzfristorientierung der Tagespolitik nicht unbedingt kompatibel. PPP-Projekte entziehen sich diesem Dilemma durch die vertraglichen Festlegungen weitgehend, was unbestreitbar ein Vorteil ist.

Die teilweise große Skepsis der auf der Public-Seite verhandelnden Akteure gegenüber PPP nährt sich auch aus dem frustrierenden Faktum, dass das Gesamtrisiko („wenn etwas schiefgeht") immer der öffentlichen Hand bleibt. Sei es aufgrund eines Konkurses des beteiligten Privaten, aufgrund von Einsprüchen in Verfahren oder infolge von Regulativänderungen, welche den wirtschaftlichen Rahmen eines Projektes sprengen, in allen Fällen bleibt so etwas wie ein „politisches Risiko", das die hierarchisch unterstellte Verwaltung mitzutragen hat. Dennoch, wenn es gelingt, ein gemeinsames Ziel zu entwickeln, eine faire Lasten- und Kostenaufteilung zu finden und Verständnis für den jeweils anderen Sektor sowie gegenseitiges Vertrauen aufzubauen, sind wichtige Voraussetzungen für ein PPP gegeben.

Die nächste Herausforderung im gemeinsamen Bemühen um Realisierungen wird es sein, Modelle zu finden, die nicht nur Maastricht-neutral sind, sondern auch die im Zusammenhang mit der europäischen „Schuldenbremse" zu beachtenden Kriterien mit einbeziehen.

FINANZIERUNGSMODELLE FÜR ELEKTROMOBILITÄT HERAUSFORDERUNGEN AUS SICHT DER BANK

DR. WERNER WEIHS-RAABL
ERSTE GROUP BANK AG

Die zunehmende Bedeutung von Elektromobilität im urbanen Raum stellt auch die Finanzierungsinstitute vor ganz neue Herausforderungen. Insbesondere im stadtnahen Umfeld stehen in den Industrieländern gewaltige Investitionsvorhaben an, die nur mit der Beteiligung der Industrie in enger Kooperation mit der öffentlichen Hand gemeinsam gelöst werden können. Eine verstärkte Zusammenarbeit mit der öffentlichen Hand soll daher eine Vielzahl möglicher Lösungsansätze gemeinsam mit öffentlicher Infrastrukturpolitik realisieren bzw. öffentliche Maßnahmen für moderne Verkehrs- und Umweltpolitik begleiten.

Das Ziel ist es in erster Linie, die hohen Investitionskosten für die technologische Entwicklung und die Marktreife der Produkte der Elektromobilität durch nutzerabhängige („Pay as you use"-Prinzip) Leistungsentgelte der privaten und öffentlichen Nutzer zu finanzieren. Privates Eigentum bei Fahrzeugen wird im städtischen Bereich zugunsten der Anforderung der permanenten Verfügbarkeit zunehmend in den Hintergrund gedrängt. Zugleich besteht eine wachsende Akzeptanz für „saubere" Technologien und steigendes Bewusstsein für Umweltschutz. Daher spielen besonders Leasing und nutzerabhängige Finanzierungen eine immer größere Rolle für diese Technologien. Durch die erhöhte Nutzung der Fahrzeuge ergibt sich dadurch auch eine verbesserte wirtschaftliche Auslastung und damit eine leichtere Finanzierbarkeit der Gesamtinvestitionskosten für derartige Projekte.

Konkret ergibt sich ein Potenzial für Partnerschaften zwischen der E-Wirtschaft, der Automobil-, Telekommunikationsindustrie, der Finanzwirtschaft und kommunalen

WERNER WEIHS-RAABL

Versorgern bzw. der öffentlichen Hand. Nur bei einer adäquaten und nutzerabhängigen Lösung dieser Finanzierungsfrage wird sich die Verbreitung der Elektromobilität auch im vollen Umfang in den Ballungsräumen in Europa realisieren und werden sich die erwarteten ökologischen und ökonomischen Vorteile umsetzen lassen. Aufgrund der verstärkten Urbanisierung liegen die Erwartungen aus der Elektromobilität insbesondere in der Verbesserung der Lebensqualität und der Steigerung der Attraktivität der urbanen Regionen (indirekter Effekt) unter gleichzeitiger Reduktion der Emissionsbelastungen des Individualverkehrs (direkter Effekt). Der Ausbau der Verkehrsinfrastruktur spielt für die wirtschaftliche Entwicklung der Regionen dabei eine entscheidende Rolle. Zahlreiche Studien belegen, dass regionale Wachstumseffekte nur mit dem weiteren Ausbau der Verkehrsinfrastruktur und der damit verbundenen Mobilität erzielt werden können. In den meisten urbanen Regionen Europas stößt dieser Ausbau jedoch schon aktuell an seine technischen Grenzen und damit stoßen die Mobilitätsanforderungen an die Grenzen der wirtschaftlichen und ökologisch vertretbaren Machbarkeit.

Neben der Entwicklung neuer und umweltschonender Antriebstechnologien, wie Hybridmotoren, Plug-in-Hybridmotoren oder batteriebetriebenen Motoren, werden folgende Entwicklungen im Nutzerverhalten erwartet, die für die Finanzindustrie relevant sein werden:[1]

---

[1] Europäische Investitionsbank (2011)

Ausbau von effizienten Energie-Ladeinfrastrukturen, die sich in die vorhandene urbane Infrastruktur, Straßennetze und öffentliche Verkehrssysteme einfügen lassen und zugleich auch als Werbeflächen und als dezentrale Energiegewinnungsplattform verfügbar sind. Adäquate Abbuchungssysteme für innovative Technologien und intelligente Kommunikationslösungen werden insbesondere dafür benötigt. Hier entwickelt die Finanzwirtschaft schon gemeinsam mit der Telekommunikationsindustrie intelligente Zahlungssysteme. Dabei sind die flächendeckende Erreichbarkeit, die sichere und problemlose Bezahlung für die Nutzungsdauer der Verkehrsmittel über Mobilfunk- und andere Kommunikationsdienste entscheidend für die generelle Akzeptanz dieser Produkte.[2]

Diese Entwicklung erfordert branchenübergreifende Lösungen (insbesondere zwischen IT-, Kommunikations-, Automobil- und Finanzbranche), unter möglichst frühzeitiger Einbeziehung der öffentlichen Hand. So könnte die Reservierung und Bezahlung des nutzungsbezogenen Individualverkehrs auch in Kombination mit dem Ticketverkauf für die öffentlichen Verkehrsmittel bzw. der Buchung von öffentlichen Garagen und den Karten für Veranstaltungen angeboten werden. Das führt in weiterer Folge auch zur Steuerung und Bewirtschaftung öffentlicher Flächen (Parkraum- und City-Maut-Lösungen) für den gesamten Individualverkehr. Diese ursprünglich über die Finanzierung von privaten Konzessionsgesellschaften für den Bau und Betrieb von Autobahnen entwickelten Finanzierungsstrukturen (z. B. Public Private Partnerships (PPP), Built Operate Transfer (BOT) Verträge, Konzessionsverträge) können grundsätzlich auch für Konzepte der Elektromobilität angewendet werden.

---

[2] Hacker, F; Harthan, R; Matthes, F.; Zimmer, W. (2009)

WERNER WEIHS-RAABL

Konzessionsstrukturen für Elektromobilität

Der wesentliche Inhalt jeder privaten Konzessionsstruktur lässt sich auch bei Projekten des Bereiches Elektromobilität sehr ähnlich gestalten. Er besteht in einem langfristigen Nutzungsvertrag, der im Wege einer von der öffentlichen Hand durchgeführten Ausschreibung einer privaten Gesellschaft das Recht einräumt, für eine beschränkte Zeit für die Errichtung, Betrieb und Erhaltung dieser Infrastruktur auf eigene (!) Rechnung verantwortlich zu sein. In der Regel übernehmen dabei Banken über langfristige Kredite die Finanzierung der Investitionskosten der Projektgesellschaft. Im Gegensatz zu einer öffentlichen Beschaffung von Infrastruktur, bei der sämtliche Risiken beim öffentlichen Auftraggeber verbleiben, findet bei PPPs eine Risikoverschiebung zum privaten Partner statt.

Dieser garantiert eine termingerechte, schlüsselfertige Leistungserbringung beim Bau der Infrastruktur und übernimmt auch das Risiko der Infrastruktur zu einem zuvor festgelegten Preis über eine bestimmte Vertragslaufzeit. Die öffentliche Hand vergütet dem privaten Partner jährliche Zahlungen über die Vertragslaufzeit und erhält somit Kostensicherheit, vermeidet zugleich aber eine große Einmalzahlung zu Projektbeginn. Durch eine adäquate Risikoverschiebung kann eine Maastricht-neutrale Finanzierung erreicht werden. Die Nutzungsgebühren werden direkt zur Bedienung der Fremdfinanzierung verwendet. In seiner ursprünglichen Form übernahmen die Banken dabei auch das Nutzungs- bzw. Marktrisiko und vereinzelt auch das Preis- bzw. Tarifrisiko.

Dies wurde vor allem in den letzten fünf Jahren öfters durch fixe Verfügbarkeitsentgelte, die von der öffentlichen Hand zu bezahlen sind, abgelöst. Vorteil dieses Modells ist, dass hier die Tarifhoheit bei der öffentlichen Hand verbleibt und die private Finanzierung durch diese öffentlichen Verfügbarkeitsentgelte bedient werden kann. Diese Verfügbarkeitsentgelte werden nur dann im vollen Umfang geleistet, wenn die Leistungskriterien des privaten Konzessionärs in Hinblick auf Bau- und Betriebsleistung und Kosten erwartungsgemäß erfüllt wurden. Im Idealfall führt dieses PPP-Modell somit zu einer Verringerung der Defizite der öffentlichen Haushalte und zu einer erheblichen Reduktion der Investitionskosten, da die Kommune als Konzessionsgeber das Bau- und Preisrisiko an den privaten Errichter überwälzt und durch die Ausschreibung der Konzession auch ein entsprechender Wettbewerb unter den privaten Betreibern und Errichtern stattfinden kann.

Kritische Erfolgsfaktoren für PPP-Modelle

Die oben beschriebenen Vorteile sind dann gänzlich erzielbar, wenn auch einige grundsätzliche Strukturmerkmale für diese PPP-Modelle erfüllt werden können:

> vernünftiger Risikoausgleich zwischen privaten und öffentlichen Partnern
> marktfähiges und technologisch ausgereiftes Projekt, das aufgrund der Nutzungsentgelte und des tatsächlichen Bedarfes auch einen positiven wirtschaftlichen Cashflow erwarten lässt
> Rechtssicherheit und Transparenz im öffentlichen Vergabeverfahren

Leider sind in den letzten Jahren einige Projekte aus einem oder mehreren dieser Gründe gescheitert und haben deswegen auch öfters diese Finanzierung in einem kritischeren Licht erscheinen lassen. Aufgrund dieser Erfahrungen wird eine der entscheidenden Herausforderungen in der Umsetzung von Lösungen für Elektromobilität über PPPs daher sicher auf der Lösung der technologischen Risiken liegen.

WERNER WEIHS-RAABL

Wann lohnt sich ein PPP für die öffentliche Hand?

PPPs können in vielen Fällen eine vernünftige Alternative für die direkte Finanzierung öffentlicher Infrastruktur, wie auch im Bereich Elektromobilität, sein. Grundsätzlich gilt, dass Projekte ein entsprechend großes Investitionsvolumen aufweisen müssen. Typischerweise liegt die Mindestgröße für ein PPP-Projekt zwischen 20 und 30 Millionen Euro, damit sich der Aufwand auch rechtfertigen lässt.

Vor der finalen Finanzierungsentscheidung gilt es, die Machbarkeit des Projektes sowohl in technischer als auch in wirtschaftlicher Hinsicht mittels eines unabhängigen Fachgutachtens prüfen zu lassen und detaillierte Machbarkeitsstudien und exakte Projektkalkulationen der Investition und der Betriebskosten zu erstellen. Hier stehen neben der Beraterbranche auch die Banken mit konkreten Finanzierungslösungen und Fördertipps gerne zur Verfügung

Weitere Beispiele für Anwendungen für Elektromobilität und mögliche Finanzierungslösungen:

› **Park & Charge-Modelle, Ladestationen in Parkgaragen:** Während einer längeren Standzeit (z. B. Einkaufszentren, Flughafengaragen) kann das geparkte Fahrzeug aufgeladen werden, die Abrechnung erfolgt über die Parktarife. Diese Projekte werden üblicherweise privat finanziert, da die Investition für die Parkgaragenbetreiber überschaubar ist und eine PPP-Struktur hier sicherlich viel zu aufwendig wäre.

› **Public-Charge-Modelle im urbanen Umfeld:** Aufgrund der deutlich höheren Investitionskosten und Risiken für flächendeckende öffentliche Aufladestationen müssten diese eher als PPP und in Kombination mit öffentlicher Förderung finanziert werden. Dabei ist eine zusätzliche weitere wirtschaftliche Nutzung dieser Ladestationen (z. B. Außenwerbung, öffentliche Beleuchtung, Bankomat) überlegenswert, um entsprechende Einnahmen und somit einen insgesamt positiven Cashflow sicherstellen zu können. Eine rein private Finanzierung ist hier für flächendeckende Investitionen im urbanen Umfeld nur schwer vorstellbar, da dies indirekt zu einer Verteuerung der Kosten für Benutzung von Elektroautos führen würde und damit die Attraktivität für E-Mobility aus Nutzersicht deutlich zurückgehen würde.

> **„Connected Car":** Diese Modelle verlangen nach verstärkten Partnerschaften und Allianzen zwischen privaten Unternehmen, unter der möglichen Einbindung der öffentlichen Hand. Hier werden insbesondere Carsharing-Systeme als effiziente und effektive Alternative zum eigenen Auto immer beliebter (da im Schnitt ein Auto, welches im Individualbesitz ist, nur 5 % seiner Lebenszeit gefahren wird). Experten gehen davon aus, dass bis 2020 das Bedürfnis nach einem eigenen Auto zugunsten von flexiblen und kollektiven Transportmöglichkeiten in den Städten stark zurückgehen wird.[3]

> **Carsharing-Systeme:** Auch in diesem Kontext ist sowohl die private Finanzierung als auch die Verwendung von PPPs möglich. Ein privater Investor könnte zum Beispiel Elektrofahrzeuge, finanziert über Flottenleasing mit fixer Nutzungskalkulation, in großer Stückzahl anschaffen und in der Folge an einzelne Nutzer sowohl im privaten als auch im öffentlichen Bereich vermieten. Die öffentliche Hand kann dabei je nach

---

[3] Hacker, F; Harthan, R; Matthes, F.; Zimmer, W. (2009)

politischer Gestaltung diese Nutzertarife variabel auch bis zu einem Grenzertrag durch Förderungen an die Endnutzer stützen, um eine vertragliche Mindestrendite für den privaten Investor sicherzustellen. Eine rasche, unkomplizierte Verfügbarkeit und transparente, minutengenaue Abrechnung nach einmaliger Registrierung ist auch in diesem Zusammenhang eines der Erfolgskriterien. Die derzeitigen im Vergleich zu konventionellen Fahrzeugen hohen Entwicklungskosten sollen dabei durch den Einsatz großer Stückzahlen zunächst im kommunalen Bereich (z. B. bei öffentlichen Versorgern, Stadtwerken, Straßendiensten, Rettungsdiensten) abgefedert werden. Wartungs- und Betriebskosten werden dabei, wie bei Flottenleasingverträgen üblich, nach gefahrenen Kilometern abgerechnet. Dadurch ergibt sich auch für die Kommune eine gezielte, nutzungsabhängige Kalkulation. Hier wären sinnvollerweise zunächst die Bundesländer in der regionalen Verkehrsplanung für die Entwicklung des Fuhrparks der Straßendienste und für die Verwaltungseinheiten allgemein auf Länderebene zuständig, entsprechende Maßnahmen zu setzen.

Internationale Entwicklungen und Fördersysteme für den Bereich Elektromobilität

Im Rahmen der Fördersysteme der Europäischen Union sind auf supranationaler Ebene die folgenden grundsätzlichen Förderungsmaßnahmen, die von der Europäischen Investitionsbank über Projektdarlehen, strukturierte Finanzierungen, Garantien und Projektberatung im Infrastrukturbereich angeboten werden, zu erwähnen.

Die Europäische Union stellt insgesamt mehr als 1,5 Milliarden Euro für die Förderung von umweltfreundlichen Transportlösungen zur Verfügung.[4]

---

[4] E-Mobility NSR (2012)

Folgende Initiativen sind im Zusammenhang mit Elektromobilität hervorzuheben

ELENA (Europäisches Finanzierungsinstrument für nachhaltige Energieprojekte von Städten und Regionen) ist eine gemeinsame Initiative der Europäischen Union und der Europäischen Investitionsbank (EIB) und unterstützt Gebietskörperschaften bei Projekten im Bereich Klimapolitik und Energieeffizienz und umweltfreundlichen Verkehrslösungen. Hier wurden insbesondere im Bereich des öffentlichen Nahverkehrs in Italien, Spanien, Deutschland und den Niederlanden bereits eine Vielzahl von Elektromobilitäts-Projekten unterstützt. Konkret können im Rahmen von ELENA bis zu 90 % der Entwicklungskosten von Machbarkeitstudien und technischen Lösungen für Elektromobilitätsprojekte durch nicht rückzahlbare Zuschüsse gefördert werden.

Die Klimaschutz-Finanzierungspolitik der EIB fördert die Entwicklung von Elektrofahrzeugen und der dazugehörigen Infrastruktur durch Förderung von Solaranlagen auf öffentlichen Gebäuden und öffentlichen Stromtankstellen. Aufgrund der klimatischen Besonderheiten der EU-Länder Südosteuropas, der hohen Luftverschmutzung und der Probleme im Individualverkehr sind diese Konzepte gerade in den Ballungsräumen von Hauptstädten dieser Länder besonders geeignet, um ökologische Lösungen für den öffentlichen Nahverkehr und Individualverkehr zu bieten.

Im Rahmen der Leitinitiative „Ressourcenschonendes Europa" der Strategie Europa 2020 fördert die Europäische Union die Entwicklung der Infrastruktur, die für umweltfreundliche Fahrzeuge im Allgemeinen und speziell für Elektromobilität notwendig ist. Aufgrund der steigenden budgetären Belastung öffentlicher Haushalte werden seitens der Europäischen Union auch verstärkt Kooperationen mit der Industrie und privaten Investoren über die Umsetzung der oben beschriebenen PPP-Projekte angestrebt. Da in einem PPP-Projekt die Bauzeit- und Kostenüberschreitungen üblicherweise von den privaten Partnern getragen werden, sollten Risiken im Bau und Betrieb berechenbar sein, um unnötige Kosten in Form von Risikoaufschlägen für private Investoren zu vermeiden (z. B. Nutzung bewährter bzw. ausgereifter Technologien). Insbesondere EU-Fördermittel, wie zum Beispiel der erwähnte ELENA-Fonds, aktuelle Fördermittel der EIB und der EU aus dem Bereich Klimaschutz und regionale Förderprogramme für Verkehrsinfrastruktur in Kombination mit Konzessions- und PPP-Strukturen könnten entscheidend dazu beitragen, Projekte im Bereich Elektromobilität kostengünstig zu realisieren.

Zusammenfassung

Als eine der führenden Finanzgruppen in Mitteleuropa entwickelt und begleitet die Erste Group Bank AG wesentliche Infrastrukturprojekte im Verkehrs- und Energiesektor in Zentral- und Osteuropa. Die Faktoren für eine erfolgreiche und rasche Umsetzung von Projekten sind insbesondere folgende:

Insgesamt hohe Wirtschaftlichkeit des Projektes, verbunden mit besonderer Fähigkeit des Managements des privaten und öffentlichen Partners, die Umsetzung und den laufenden Betrieb des Projektes mit hohem technischen Know-how sicherzustellen, sowie Erfahrung des öffentlichen Partners in der Ausschreibung und Vergabe des Projektes, verbunden mit klar definierten Ausschreibungs-, Bewilligungs- und Planungskriterien.

Insbesondere PPP-Modelle und andere Finanzierungsalternativen (BOT) sind auch im Bereich Elektromobilität für die Realisierung eine wirtschaftlich sinnvolle Option. Relevante Erfahrungen der Erste Group Bank AG im Bereich Infrastrukturfinanzierungen und langjährige Kooperationen mit anderen internationalen Finanzinstituten und Fördereinrichtungen der EU sowie supranationalen Einrichtungen wie der EIB und der EBRD stehen hier den Kunden der Erste Group Bank AG in den wichtigsten Märkten Zentraleuropas für eine erfolgreiche Projektumsetzung zur Verfügung. Der Bereich Elektromobilität ist eine der wichtigsten Herausforderungen für die Mobilität von uns allen im urbanen Raum und zugleich ein enormer Wirtschaftsfaktor und Garant für die Entwicklung neuer Zukunftstechnologien.

In diesem Sinne sind der Ausbau von Infrastruktur und die Verbesserung der Lebensqualität durch Förderung erneuerbarer Energiequellen, Energieeffizienzprojekte sowie Projekte zur Reduzierung von Lärm- und Schadstoffemissionen wie Elektromobilität auch ein ganz wesentlicher Schwerpunkt in der Geschäftsstrategie der Erste Group Bank AG in ihren Kernmärkten.

QUELLEN

[1] Bundesministerium für Land- und Forstwirtschaft, Umwelt und Wasserwirtschaft (BMLFUW); Bundesministerium für Verkehr, Innovation und Technologie (BMVIT); Bundesministerium für Wirtschaft, Familie und Jugend (BMWFJ) (2012): Umsetzungsplan: Elektromobilität in und aus Österreich.

[2] European Commission (2012): Funding sustainable cities and regions (ELENA). http://ec.europa.eu/energy/intelligent/getting-funds/elena-financing-facilities/index_en.htm

[3] European Environment Agency (2010): Trends in share of household expenditure on transport (percentage of total spending, EEA-32). http://www.eea.europa.eu/data-and-maps/figures/term24-trends-in-share-of-household-expenditure-on-transport-percentage-of-total-spending-eea

[4] Europäische Kommission (2012): Ressourcenschonendes Europa – eine Leitinitiative der Strategie Europa 2020. http://ec.europa.eu/resource-efficient-europe/index_de.htm
- Europäische Investitionsbank (2011). Unterstützung für Elektromobilität in Europa.
- E-Mobility NSR (2012): EU Financing Programme to be expanded. http://e-mobility-nsr.eu/de/archive/eu-financing-programme-to-be-expanded
- Hacker, F; Harthan, R; Matthes, F.; Zimmer, W. (2009): Environmental impacts and impact on the electricity market of a large scale introduction of electric cars in Europe – Critical Review of Literature.
- Hudson, J. (2012): I want to ride my bicycle! Financing sustainable transport. Springer-Verlag, London.
- KPMG (2012): KPMG's Global Automotive Executive Survey 2012. www.globe-net.com/articles/2012/january/9/electromobility-and-the-%27urbanized%27-car

Für die umfangreiche Unterstützung in der Recherche der für diesen Artikel relevanten Literatur danke ich besonders Frau Anna Forst-Battaglia, BSc, Transport Infrastructure, Erste Group Bank AG.

ÖFFENTLICH-PRIVATE KOOPERATIONSMODELLE FÜR SCHIENENINFRASTRUKTURPROJEKTE IN EUROPA

DR. CHRISTIAN KUMMERT
KOMMUNALKREDIT AUSTRIA AG

Da die Investitionen in öffentliche Infrastruktur – gemessen am Anteil der Wirtschaftskraft – über die letzten Jahrzehnte in den meisten europäischen Ländern deutlich zurückgingen, besteht in vielen Regionen ein hoher Investitionsstau. Um notwendige Infrastrukturmaßnahmen nachhaltig, effizient und unter Einhaltung staatlicher Verschuldungsgrenzen durchführen zu können, haben sich alternative Beschaffungs- und Finanzierungsmodelle etabliert.

Denn: Wenn der überwiegende Teil der Bau- und Betriebs- bzw. Marktrisiken eines Projektes von der öffentlichen Hand auf die Privatwirtschaft übertragen wird, müssen die Projektverbindlichkeiten nicht im öffentlichen Haushalt konsolidiert werden. In diesem Fall zahlt die öffentliche Hand nicht für den Bau einer Infrastruktur, sondern für eine Dienstleistung in Abhängigkeit von der Leistungserbringung.

Öffentlich-private Partnerschaften als Beschaffungsalternative

Bei der Implementierung von öffentlicher Infrastruktur sprechen Effizienzgewinne, Transfer von Projektrisiken auf die Privatwirtschaft, Kosten- und Terminsicherheit sowie Erhöhung der Servicequalität oftmals für die Anwendung von öffentlich-privaten Partnerschaften (ÖPP). Untersuchungen in verschiedenen europäischen Ländern kommen zu dem Ergebnis, dass ÖPPs Kostenvorteile in Höhe von 5 % bis 20 % gegenüber der herkömmlichen Beschaffung erzielen können. Die Realisierung von öffentlichen Infrastrukturvorhaben abseits der klassischen Form hat daher auch in

Europa zwischenzeitlich einen festen Platz als Beschaffungsalternative eingenommen. Seit Anfang der 1990er-Jahre wurden in Europa über 1.500 ÖPP-Projekte mit einem Investitionsvolumen von fast 290 Mrd. Euro finanziert. Der Investitionsanteil von Schienenprojekten macht 17 % der abgeschlossenen ÖPP-Projekte aus. Aufgrund der hohen Investitionskosten von Schienenprojekten liegt der Anteil an der Anzahl der finanzierten Projekte jedoch nur bei 4 %.

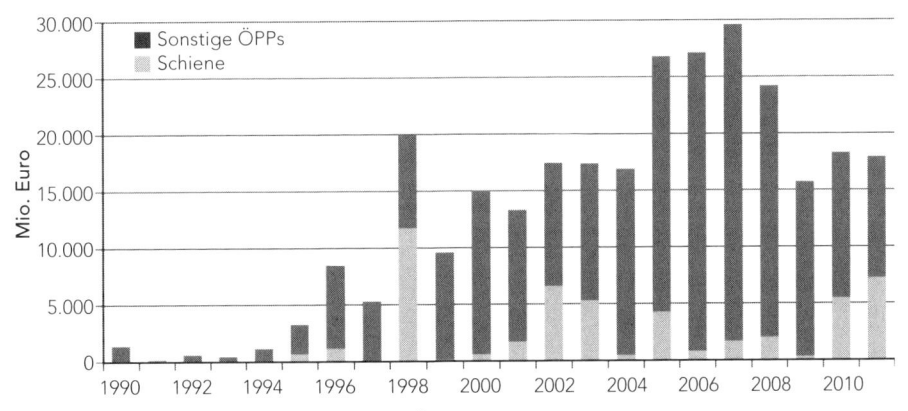

Abb. 1: Investitionskosten realisierter ÖPP-Projekte in Europa (Quelle: EPEC)

Mittel für den Zweck – Zweckgesellschaft

In der Schieneninfrastruktur schreibt die öffentliche Hand ÖPP-Projekte in der Regel als langfristige Konzession (oft mit Laufzeiten von 30 Jahren) international aus.

Verschiedene Konsortien, oft bestehend aus Baufirmen, Verkehrsunternehmen und Finanzinvestoren, bewerben sich um die Konzession, die dem Konsortium mit dem besten Angebot zugesprochen wird.

Das ausgewählte Konsortium gründet eine Zweckgesellschaft, deren Kapital vom privaten Partner gehalten wird – eine Beteiligung des öffentlichen Sektors an der Zweckgesellschaft ist allerdings ebenfalls möglich. Die Zweckgesellschaft unterzeichnet den Konzessionsvertrag mit der öffentlichen Hand und finanziert das Projekt durch Eigenkapitaleinschuss der privaten Investoren und Kreditaufnahme oder Anleiheemission am Kapitalmarkt.

Zins und Tilgung werden in der Regel ausschließlich aus dem Cashflow des Projektes aufgebracht und die Kreditvergabe ist auf die wirtschaftlichen Erfolgsaussichten der Investition abgestellt. Der private Partner übernimmt die Errichtung sowie die Bereitstellung der Infrastruktur und sorgt für deren Instandhaltung und reibungslosen Betrieb über den gesamten Lebenszyklus hinweg.

Zur Ausführung der von der öffentlichen Hand übernommenen baulichen Aufgaben unterzeichnet die Zweckgesellschaft einen Turnkey-Bauvertrag mit einem erfahrenen Baukonsortium, in dem alle baurelevanten Risiken weitergereicht werden. Das Baukonsortium ist vertraglich verpflichtet, die Anlage zu einem Festpreis innerhalb eines vereinbarten Zeitraums fertigzustellen.

Ebenso schließt die Zweckgesellschaft einen Betreibervertrag mit einem spezialisierten Unternehmen ab, in dem die von der Zweckgesellschaft unter dem Konzessionsvertrag übernommenen Betriebspflichten an das Betreiberunternehmen weitergeleitet werden. Zusätzlich sichert die Zweckgesellschaft Risiken während der Bau- und Betriebszeit durch entsprechende Versicherungsverträge ab.

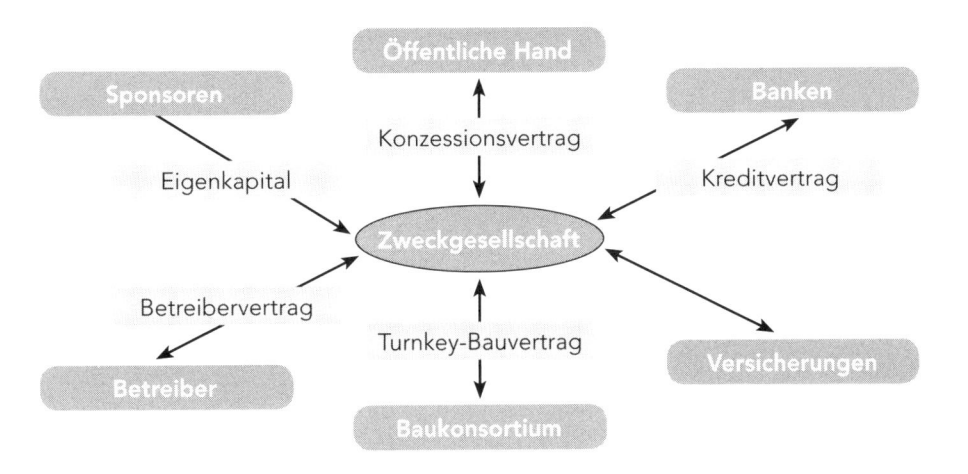

Abb. 2: Vertragsbeziehungen

Für die von der Zweckgesellschaft erbrachten Planungs-, Bau-, Finanzierungs- und Betriebsleistungen erhält die Zweckgesellschaft nach Betriebsbeginn entweder langfristige Zahlungen der öffentlichen Hand oder Nutzungsgebühren der Passagiere oder der Schienenfahrzeugbetreiber.

Je nach Gestaltung der Zusammenarbeit erfolgt am Ende der vereinbarten Vertragslaufzeit eine Übertragung des Eigentums an der Infrastruktur/Immobilie auf die öffentliche Hand.

Alles auf Schiene

Während im überregionalen Schienenverkehr aufgrund der Entkopplung zwischen Schieneninfrastruktur und Fahrzeugbetrieb meist nur Errichtung und Betrieb des Schienenkörpers (Trasse, Signaltechnik und Stromversorgung) als Konzession vergeben wird, können bei lokalen Projekten wie Straßenbahn- und U-Bahn-Vorhaben auch Anschaffung und Betrieb der Fahrzeuge in die Konzession miteinbezogen werden.

Die gesamten Kapital-, Instandhaltungs- und Betriebskosten können bei Schienenprojekten nur in Ausnahmefällen allein über Nutzungsentgelte abgedeckt werden. Daher sind bei den meisten Projekten, unabhängig davon, ob konventionell oder über ÖPP-Modelle erstellt, Subventionen in Form von Baukostenzuschüssen oder Zuschüssen während der Betriebslaufzeit notwendig.

ÖPP-Schienenprojekte, deren Kapitaldienst allein auf Baukostenzuschüsse und Nutzungsentgelte abstellt, erscheinen aufgrund der schweren Prognostizierbarkeit des Verkehrsvolumens und damit der Einnahmenströme als relativ riskant. Eine Studie an der Aalborg-Universität zeigt deutlich, dass Schienenprojekte nur selten die ursprünglichen Passagiervorhersagen erreichen. Bei 27 analysierten Schienenprojekten lagen die Passagierprognosen im Durchschnitt 65 % über den tatsächlich erreichten Volumina (siehe Flyvbjerg, B.; Bruzelius, N.; Rotherngatter., W, 2005: Megaprojects and Risk. Cambridge).

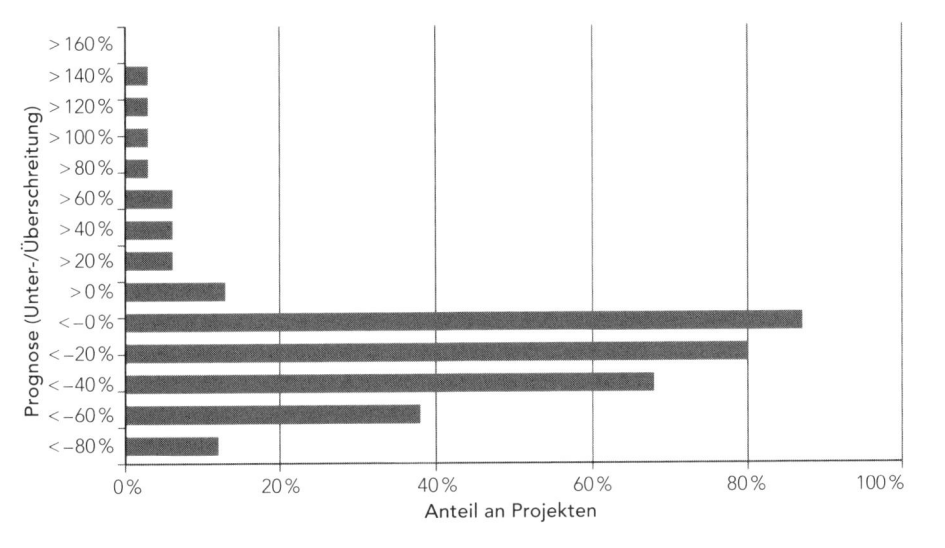

Abb. 3: Prognoseerreichung bei Schienenprojekten
(Quelle: Flyvbjerg, B.; Bruzelius, N.; Rotherngatter, W.)

Zwar erstellen Investoren bei ÖPP-Projekten eigene Verkehrsprognosen, die wiederum von den Verkehrsberatern der Banken überprüft werden. Dennoch stellen bei den in Europa realisierten ÖPP-Bahnprojekten nur wenige Konzessionsnehmer alleine auf Nutzungsgebühren ab. Vielmehr basieren viele Transaktionen, vor allem im Straßenbahnbereich, entweder auf festen Zahlungsströmen, die als künftige Forderung gegen die öffentliche Hand von der Projektgesellschaft an Banken verkauft werden können, oder auf sogenannten Verfügbarkeits- und „Schattenmaut"-Zahlungen der öffentlichen Hand.

Bei Verfügbarkeitszahlungen der öffentlichen Hand richtet sich die Höhe der Entgelte an der Verfügbarkeit der Schienenanlage und damit an der Qualität der erbrachten Leistungen aus. Bei Nichterreichen der Anforderungen (z. B. Nicht- oder Teilverfügbarkeit der Schienenanlage) können die Entgelte signifikant gemindert werden. Diese Entgelte sind die Grundlage zur Deckung der Betriebs- und Instandhaltungskosten, des Schuldendienstes und der Eigenkapitalrendite der Investoren.

Schattenmaut-Zahlungen werden bei einigen Straßenbahnprojekten partiell angewendet. Hierbei erfolgen die Zahlungen zwar in Abhängigkeit des Passagieraufkommens; allerdings zahlen nicht die Nutzer, sondern die öffentliche Hand in Abhängigkeit vom Verkehrsaufkommen.

Deckung der Kapital- und Betriebskosten

In vielen Projekten werden die Kapital- und Betriebskosten durch eine Kombination von Bauzuschüssen, Verfügbarkeits- oder Schattenmautzahlungen der öffentlichen Hand sowie volumensabhängigen Einnahmen aus Nutzungsentgelten während der Betriebsphase gedeckt. Während die Projektgesellschaft bei Modellen mit Nutzergebühren ein hohes Marktrisiko eingeht, beschränkt sich das Projektrisiko bei Verfügbarkeitsmodellen in der Betriebsphase auf die Leistungserbringung der Projektgesellschaft.

	Nutzungs-gebühr	„Schatten-maut"	Verfügbarkeit	Forderungs-kauf
Zahlung	Nutzer	Öffentl. Hand	Öffentl. Hand	Öffentl. Hand
Baurisiko	Privatsektor	Privatsektor	Privatsektor	Privatsektor
Verkehrsrisiko	Privatsektor	Privatsektor	Öffentl. Hand	Öffentl. Hand
Betriebsrisiko	Privatsektor	Privatsektor	Privatsektor	Privatsektor / Öffentl. Hand
Öffentliche Verschuldung	nein	nein	nein	ja

Abb. 4: Zahlungsmechanismen bei ÖPP-Projekten im Schienenverkehr

Während die Zahl der jährlichen Neuabschlüsse von ÖPP-Projekten um rund 36% gegenüber den Jahren vor Einsetzen der Finanzkrise gesunken ist, konnten die Investitionen in ÖPP-Schienenprojekte im gleichen Zeitraum gesteigert werden. Dies liegt in erster Linie an der Realisierung weniger Großprojekte, zu denen vor allem Schienenprojekte in Frankreich gehören.

Auch in den nächsten Jahren ist aufgrund der angespannten Haushaltslage in vielen europäischen Ländern von einer Zurückhaltung der öffentlichen Hand bei Infrastrukturinvestitionen auszugehen. Allerdings zeigt die europäische Projektpipeline von über 25 ÖPP-Schienenprojekten mit einem geschätzten Investitionsvolumen von etwa 30 Mrd. Euro, dass auch in Zukunft mit der Realisierung von Kooperationsprojekten mit dem Privatsektor im Schienenbereich gerechnet werden kann.

KLIMASCHUTZ

HEUTE HANDELN.
MORGEN E-MOBIL SEIN.

NIKI BERLAKOVICH
BUNDESMINISTERIUM FÜR LAND- UND FORST-
WIRTSCHAFT, UMWELT UND WASSERWIRTSCHAFT

Mit den ungewohnt heftigen Unwettern, Temperaturschwankungen sowie extremen Hitze- oder Kälteperioden als „Symptomen" für zu viel CO_2 in der Atmosphäre machen sich die Auswirkungen von klimaschädigendem Treibhausgas in den letzten Jahren immer deutlicher bemerkbar. Damit rückt auch die eigene Verantwortung für den Klimaschutz stärker ins Bewusstsein der Menschen.

Dieses Bewusstsein ist notwendig, um Veränderungen herbeizuführen, das hat der UN-Umweltgipfel „Rio+20" im Juni 2012 in Rio de Janeiro deutlich gezeigt. Statt konkreten Zielen und Zeitplänen blieben die Ergebnisse auf allgemeine Bekenntnisse beschränkt. Das ist zu wenig. Die Menschen erwarten sich von der Politik echte Ergebnisse. Deshalb ist für mich ein genereller Neustart bei den Umweltgipfeln mit einer neuen Dynamik und zusätzlichen Allianzen der EU mit umweltpolitisch engagierten Ländern anderer Kontinente unumgänglich, um den „Bremsern" der internationalen Umweltpolitik stärker entgegentreten zu können.

Lokal handeln – global beeinflussen

Für aktive AkteurInnen beim Umwelt- und Klimaschutz gilt mehr denn je: „think global – act local – affect all". In Österreich setzen wir eine Reihe von beispielgebenden Maßnahmen, um jede und jeden Einzelnen, Unternehmen, Städte, Gemeinden und Regionen zum aktiven Handeln im Klimaschutz anzuregen und auch international Vorbildwirkung zu geben.

Mein Ziel für Österreich ist die Energieautarkie. Wissenschaftliche Studien belegen die Machbarkeit bis zum Jahr 2050. Daher liegt einer der ganz großen Schwerpunkte meines Ressorts im Ausbau der erneuerbaren Energien Wind-, Sonnen-, Wasserkraft und Biomasse sowie auf Energieeffizienz und Energiesparen. Neue Verkehrsmodelle spielen dabei eine wichtige Rolle. Denn gerade im Verkehrssektor ist der fossile Energieverbrauch enorm und damit auch die klimaschädigende Auswirkung. Daher müssen wir hier massiv auf alternative, umweltfreundliche und energiesparende Technologien, wie insbesondere die Elektro-Mobilität, setzen.

E-Modelle für die Praxis

Mein Ziel ist es, bis 2020 250.000 Elektrofahrzeuge auf unsere Straßen zu bringen und damit jährlich 430.000 Tonnen CO_2 einzusparen. Um den höchsten Umweltnutzen zu erreichen, müssen Elektrofahrzeuge mit 100 % Ökostrom betrieben werden. Für diesen Ausbau der E-Mobilität sind nur rund 0,8 % an zusätzlicher Stromproduktion erforderlich, das heißt, wir brauchen keine zusätzlichen Kraftwerkskapazitäten.

Um zu testen, wie E-Mobilität in der Praxis funktioniert, unterstützen wir mit Fördermitteln aus dem Klima- und Energiefonds derzeit acht Elektro-Mobilitätsregionen, in denen insgesamt 40 % der Bevölkerung leben, mit einem Fördervolumen von 15,6 Mio. Euro. Österreich ist mit dieser Initiative europaweiter Vorreiter. Darüber hinaus setzten wir mit dem Förderprogramm klima:aktiv mobil gezielt Mittel ein, um Fuhrparkumstellungen auf elektrische Antriebe zu forcieren. Bereits 900 österreichische

NIKI BERLAKOVICH

Betriebe und Gemeinden haben diese Unterstützung genutzt und den elektrischen Verkehr in Österreich mit unserer Hilfe um 7.000 Fahrzeuge, davon 4.000 Scooter und Bikes, erweitert.

Beispielsweise stellt die Post AG mit dem Ankauf von 18 Elektro-Klein-LKW, 75 E-Scootern und 100 Elektrofahrrädern bereits in einigen Gebieten die Post CO_2-neutral zu und die Taxi-Flotte von Danube Express Taxi chauffiert ihre Fahrgäste mit 75 Hybrid-PKW umweltfreundlich ans Ziel. Auch den MitarbeiterInnen meines Ressorts stehen für Dienstfahrten Elektrofahrräder und E-Scooter zur Verfügung und ich selbst nutze für innerstädtische Dienstfahrten ein Elektromobil.

Trotzdem muss man realistisch sagen, dass zum flächendeckenden Ausbau der Elektromobilität noch einiges an Forschung und Entwicklung notwendig ist. Aber es ist wichtig, dabei am „Gas" zu bleiben – auch wenn dieser Begriff in der e-mobilen Zukunft bald überholt sein wird.

Alternativen bringen Chancen

In der Übergangsphase ist es wichtig, auch andere Formen alternativer Mobilität zu nutzen. Speziell der Einsatz von Biokraftstoffen darf nicht den immer wieder ertönenden Unkenrufen zum Opfer fallen. Derzeit enthält Treibstoff einen biogenen Anteil von sieben Prozent. Mein Ziel ist die Beimischung von zehn Prozent, damit setzen wir auch die EU-Richtlinie zur Förderung erneuerbarer Energie um. Schon die Erhöhung auf sieben Prozent hat der Umwelt 1,7 Mio. Tonnen CO_2 erspart, bereits 2020 können durch Biokraftstoffe über zwei Mio. Tonnen CO_2 eingespart werden. Das zeigt, dass diese alternativen Treibstoffe eine höchst effektive Methode sind, die CO_2-Emissionen von Kraftfahrzeugen ebenso zu verringern wie die Importabhängigkeit von fossilem Erdöl. Immerhin importieren wir 95 % unseres im Verkehrssektor benötigten Öls.

Darüber hinaus müssen wir in Österreich das Mobilitätsmanagement durch den Ausbau des öffentlichen Verkehrs und konsumentenfreundliche Verschränkungen von Bus und Bahn noch weiter verbessern sowie den Flottenverbrauch bei Kraftfahrzeugen durch Effizienzsteigerungen und technische Innovationen senken.

Aktiv beitragen und sparen

Auch jede und jeder Einzelne kann zudem der Umwelt und der eigenen Geldbörse Gutes tun, indem kurze Fahrten statt im Auto auf dem Fahrrad zurückgelegt werden: 50 % aller Autofahrten sind Strecken, die kürzer als fünf Kilometer sind, das bedeutet 20 Fahrradminuten Maximum. Darüber hinaus bieten wir im Rahmen der Klimaschutzinitiative klima:aktiv auch Spritspartrainings an. FahrerInnen, die an diesen Trainings teilgenommen haben, verbrauchen um bis zu 20 % weniger Sprit, das bedeutet auch 20 % weniger CO_2-Emissionen und 20 % weniger Treibstoffkosten.

Fossiler Treibstoff wird auch in Zukunft hochpreisig bleiben. Gleichzeitig brauchen wir angesichts der Entwicklung der Weltwirtschaft auch ökonomische Perspektiven,

NIKI BERLAKOVICH

die unsere Lebensqualität und Wettbewerbsfähigkeit sichern sowie jungen Menschen Arbeitsplätze bieten. Der Ausbau der erneuerbaren Energie und Investitionen in grünes Wachstum sind unbestreitbar ein Weg, mit dem wir diese Herausforderungen meistern.

Gewinnen mit verstärkter Umweltwirtschaft

In der Umweltwirtschaft verzeichnen wir mit derzeit rund 200.000 Arbeitsplätzen ein Plus von 3,7 %, während die Gesamtwirtschaft im gleichen Zeitraum einen Rückgang um 0,6 % aufweist. Der Umweltumsatz beträgt derzeit rund 31,5 Mrd. Euro, Tendenz steigend, das sind bereits 11,5 % des BIP in Österreich und das ohne Einberechnung des Handels. Der Sektor der erneuerbaren Energie hält daran den größten Anteil: 40 % aller Umweltbeschäftigten erwirtschaften mit rund 16,6 Mrd. Euro mehr als die Hälfte des Umweltumsatzes.

Diese Zahlen sprechen eine ganz klare Sprache. Ich werde mich daher weiterhin mit aller Kraft dafür einsetzen, Innovationen anzukurbeln und Bewusstseinsarbeit zu forcieren, um damit dem heimischen Klimaschutz massiv Vorschub zu leisten. Die flächendeckende Elektromobilität als wichtiger Bestandteil einer energieautarken Zukunft Österreichs ist ein langfristiges, aber wichtiges Ziel. Letztendlich wollen wir alle mobil bleiben und trotzdem in einer intakten Umwelt und mit leistbaren Kraftstoffen unterwegs sein, dafür müssen wir heute schon die richtigen Schritte setzen, um morgen auf wirtschaftlicher und ökologischer Ebene zu profitieren.

ZUKUNFTSFÄHIGE ENERGIEVERSORGUNG

DIPL.-ING.[IN] ISABELLA KOSSINA, MBA
WIENER STADTWERKE

Unsere Herausforderungen

Der Klimawandel und seine Folgen sind die derzeit größte Herausforderung für die Menschheit. Hauptverantwortlich hierfür ist ein Temperaturanstieg in der Atmosphäre, der wiederum vor allem auf die Freisetzung von Treibhausgasen – insbesondere auf die seit dem 2. Weltkrieg stark gestiegenen Kohlendioxid (CO_2)-Emissionen aus der Verbrennung fossiler Energieträger (Erdöl, Erdgas) – zurückzuführen ist. Nach Berechnungen des Weltklimarates IPCC wird sich, je nach Szenario, die Atmosphäre bis Jahr 2100 um rund 2 bis 5 °C aufheizen, wenn wir das heutige weltweite Emissionsniveau an Treibhausgasen beibehalten. Die Folgen wären irreversibel: Abschmelzen der polaren Eiskappen und Gletscher, Anstieg des Meeresspiegels um mehrere Meter, häufigeres Auftreten von Stürmen und Flutkatastrophen sowie in weiterer Folge ein Mangel an Süßwasser und kultivierbarem Land (beides gefährdet die Ernährungssicherheit)[1] – um nur einige der katastrophalen Folgen zu nennen. Wir können das Schlimmste noch verhindern – wenn wir es schaffen, die Zunahme der Erderwärmung auf maximal 2 Grad zu begrenzen. Dafür müssen die Industrienationen ihre Emissionen an Treibhausgasen umgehend drastisch reduzieren (minus 90 bis 95 %). So sieht etwa die Roadmap der EU bis 2050 eine Reduktion der CO_2-Emissionen um 80 bis 95 % vor (Bezugsjahr 1990). Im Bereich der Energieerzeugung soll die Reduzierung 54 bis 68 % bis 2030 und 93 bis 99 % bis 2050 erreichen – das bedeutet im Prinzip eine komplette Abkehr von fossilen Energieträgern wie Kohle und Gas – sofern es die dann

---

[1] Wissenschaftlicher Beirat der Bundesregierung Globale Umweltveränderungen (WBGU): Sicherheitsrisiko Klimawandel, Hauptgutachten 2007 (www.wbgu.de/fileadmin/templates/dateien/veroeffentlichungen/hauptgutachten/jg2007/wbgu_jg2007.pdf)

ISABELLA KOSSINA

überhaupt noch gibt. Niemand weiß, wann Peak Oil erreicht sein wird – vielleicht haben wir diesen Punkt schon längst überschritten.

Ein Lösungsansatz besteht im Ersatz fossiler durch regenerative Energieträger, also Wind- und Wasserkraft, Solarenergie, Geothermie und Biomasse. Das geht allerdings nicht so einfach, wie es sich anhört. So erfordert der Umstieg auf regenerative Energieträger erhebliche Investitionen in Erzeugungsanlagen und Verteilnetze. Allerdings sind gerade Windkraft und Solarenergie nicht beeinflussbar und damit nicht zuverlässig planbar. Wenn also zukünftig immer mehr Erneuerbare-Energien-Anlagen an das Netz angeschlossen werden, müssen diese Energiequellen intelligent vernetzt werden.

Bislang galt in der Energiewirtschaft der Ansatz „Erzeugung angepasst an den Verbrauch" (*generation follows load*). In Deutschland beispielsweise wird die Grundlastversorgung mit Braunkohle- und Atomkraftwerken, aber auch Laufwasserkraftwerken erbracht, die Mittellast mit Steinkohlekraftwerken und die Spitzenlast mit Kraftwerken, die innerhalb weniger Minuten hochgefahren werden und ihre volle Leistung bringen können, wie Pumpspeicherkraftwerke und Gasturbinenkraftwerke. Bei uns in Österreich wird, vereinfacht dargestellt, die Grund- und Mittellast hauptsächlich durch Wasserkraft (Lauf- und Speicherkraftwerke) und in geringem Umfang durch Stein- und Braunkohlekraftwerke erbracht. Die Spitzenlast wird fossil (Gaskraftwerke) und mit Pumpspeicherkraftwerken gedeckt. In Wien leisten die Müllverbrennungsanlagen und das Wald-Biomassekraftwerk die Grund- und Mittellast, während unsere Gas-KWK-Anlagen für die Mittel- und Spitzenlast gefahren werden. Hinzu kommen unsere Wind- und Wasserkraftwerke sowie Photovoltaikanlagen, die im Jahr 2010 gut 10% unserer Stromerzeugung erbracht haben.

Wenn zukünftig immer mehr erneuerbare Energien mit ihrem fluktuierenden Angebot in das Netz integriert werden sollen, dann funktioniert der Ansatz *generation follows load* nicht mehr. Beispiel Windkraft: In Deutschland betrug im ersten Halbjahr 2011 die Spannweite zwischen dem Tag der höchsten und dem Tag der niedrigsten Einspeisung gut zwei Drittel der installierten Gesamtkapazität (23 von 23 GW)! Hintergrund ist, dass es jedes Jahr eine Schwachwind-Periode von zehn bis zwölf Tagen gibt. An diesen Tagen liegt der Anteil der installierten Anlagenkapazität, die Strom produzieren und einspeisen kann, bei unter 10%. Oder Beispiel Photovoltaik: Hier betrug die Spannweite der Einspeisung aus Sonnenenergie ebenfalls gut zwei Drittel der installierten Gesamtkapazität. Zwar ist die Produktion aufgrund der Quelle etwas besser planbar als bei Windkraft. Allerdings ist die Mittagsspitze hier die Herausforderung für das Niederspannungsnetz. Bei sehr hoher Einspeisung müssen andere Kraftwerke sogar heruntergefahren werden. Zukünftig brauchen wir also auch mehr Speicherkapazitäten für Strom (und Wärme), um die stark schwankende Produktion ausgleichen zu können.

Eine weitere Herausforderung ist die Integration vieler kleiner, dezentraler Erzeuger auf Basis erneuerbarer Energien. Hier verschmilzt immer mehr die Rolle des Abnehmers (Consumer) mit der des Erzeugers (Producer) zum sogenannten Prosumer. Privathaushalte etwa speisen die Energie aus ihren „Minikraftwerken" (PV) ein, wenn sie einen Überschuss produzieren (etwa die besagte Mittagsspitze), oder ziehen Energie genau dann aus dem Netz, wenn sie ihren eigenen Bedarf nicht mehr selbst decken können, unglücklicherweise vielleicht genau dann, wenn der Bedarf auch bei anderen Verbrauchern am größten ist (Klimaanlage im Sommer, niedrige Temperaturen und lange und dunkle Nächte im Winter ...). Dieses Problem lässt sich nur dadurch lösen, dass der Verbrauch an die Erzeugung angepasst wird (*load follows generation*). Das wiederum erfordert eine intelligente Steuerung des Systems. Die Herausforderung lautet: Wie kann ich die Nachfrage beeinflussen, um die nicht zuverlässig planbaren Schwankungen in der Energieproduktion ausgleichen zu können? Das ist nur möglich über Datenaustausch und Energietransport in beide Richtungen – das ist das Smart Grid.

Für die zukunftsfähige Energieversorgung geht es also um mehr als nur den Austausch fossiler Brennstoffe durch erneuerbare Energieträger. Es geht darum, Energie intelligent zu vernetzen – letztlich also um einen grundlegenden Systemwechsel in der Energiewirtschaft.[2]

Doch das allein reicht nicht aus. Wir müssen uns auch der absehbaren Verknappung weiterer Ressourcen – neben Energie sind dies Rohstoffe, Wasser, Fläche, Biodiversität und Senkenfunktion der Umweltmedien[3] – stellen. Wir müssen Ressourcen intelligenter und sparsamer einsetzen, etwa durch Steigerung der Energieeffizienz – Negawatt statt Megawatt.[4] Denn auch die erneuerbaren Energieträger müssen ja erst gewonnen und zu Strom, Wärme oder Bewegungsenergie umgewandelt und ggf. transportiert werden, wobei natürlich auch Verluste auftreten. Schon heute besteht bei bestimmten Erneuerbaren wie etwa Biomasse durchaus eine Konkurrenz zu

---

[2] Smart Grids Modellregion Salzburg www.salzburg-ag.at/?eID=download&uid=297
[3] IFEU: Indikatoren / Kennzahlen für den Rohstoffverbrauch im Rahmen der Nachhaltigkeitsdiskussion. Autoren: Jürgen Giegrich, Axel Liebich, Christoph Lauwigi, Joachim Reinhardt. UBA-Texte Nr. 01/2012 (www.umweltdaten.de/publikationen/fpdf-l/4237.pdf)
[4] Negawatt = negatives Megawatt: Ein Megawatt an Strom, das durch die Steigerung der Effizienz oder die Reduzierung des Verbrauchs eingespart wird

anderen Nutzungen, wie Nahrungsmittel und Tierfutter, Rohstoff für die bislang auf Erdöl basierende Industrie oder Treibstoff für nicht elektrisch betreibbare Maschinen (Flugzeuge, ...). So warnte ein Think-Tank des deutschen Militärs bereits 2010 vor verschärften Auseinandersetzungen um die strategische Ressource Land.[5] Der internationale Verteilungskampf um Land etwa für die Zeit nach Peak Oil ist vor allem in Asien und Afrika schon längst in vollem Gange und wird, wenn nicht gegengesteuert wird, zu Landnutzungsänderungen mit ebenfalls negativen Folgen für die lokale Bevölkerung, aber auch das Klima und die Umwelt führen.

Für die Nutzung von Solarenergie zur Strombereitstellung sind nicht erneuerbare seltene Elemente erforderlich. Gallium etwa wird benötigt für Dünnschicht-Photovoltaik, schnelle integrierte Schaltungen (IC = Integrated Circuit) und weiße Leuchtdioden (WLED = White Light Emitting Diode), Indium für Displays und ebenfalls Dünnschicht-Photovoltaik. Nach einer Studie für das deutsche Bundesministerium für Wirtschaft und Technologie wird der von absehbaren technischen Innovationen ausgehende Bedarf allein an diesen beiden Rohstoffen 2030 6- bzw. 3,3-mal so hoch sein wie deren gesamte heutige Weltproduktionsmenge[6]. In diesen Zahlen ist die Rohstoffnachfrage aus anderen Verwendungssegmenten außerhalb der genannten Zukunftstechnologien noch gar nicht enthalten.

---

[5] Zentrum für Transformation der Bundeswehr, Dezernat Zukunftsanalyse: Streitkräfte, Fähigkeiten und Technologien im 21. Jahrhundert – Umweltdimensionen von Sicherheit, Teilstudie 1: PEAK OIL – Sicherheitspolitische Implikationen knapper Ressourcen. Strausberg, Juli 2010 (www.peakoil.net/files/German_Peak_Oil.pdf)

[6] Angerer, G.; Erdmann, L.; Marscheider-Weidemann, F.; Scharp, M.; Lüllmann, A.; Handke, V.; Marwede, M.: Rohstoffe für Zukunftstechnologien. Einfluss des branchenspezifischen Rohstoffbedarfs in rohstoffintensiven Zukunftstechnologien auf die zukünftige Rohstoffnachfrage. Stuttgart: Fraunhofer IRB Verlag, 2009, 383 pp. (http://publica.fraunhofer.de/eprints/urn:nbn:de:0011-n-910079.pdf)

ISABELLA KOSSINA

Wir müssen daher langfristig nicht nur energie-, sondern insgesamt ressourceneffizient werden. Das gilt insbesondere für die Menschen in Städten. Städte beanspruchen zwar nur 2 % der Fläche der Erde, dort leben aber 50 % der Menschen, in Europa sind es sogar 75 %, und Städte haben einen Anteil von 80 % am weltweiten Energieverbrauch. In Städten also werden die Weichen für die Zukunft gestellt. Und hier leisten die Wiener Stadtwerke bereits einen erheblichen Beitrag – etwa durch unser öffentliches Mobilitätsangebot. So bieten die Wiener Linien und die Wiener Lokalbahnen ein engmaschiges und dicht getaktetes Netz an ÖPNV-Verbindungen an, und das zu besonders günstigen Preisen. Der Anteil der Öffis am Modal Split, also am städtischen Personenverkehr, ist in den vergangenen Jahren regelmäßig gestiegen, und zwar von 33 % im Jahr 2000 auf 37 % in 2011. Keine Metropole weltweit hat einen Anteil des motorisierten Individualverkehrs von unter 30 % – außer Wien!

Mit unseren U-Bahnen und Straßenbahnen sowie der Badner Bahn bieten wir schon lange umweltfreundliche Elektromobilität für alle, und das sehr energieeffizient. Immerhin benötigt der öffentliche Personennahverkehr in Wien nur knapp 6 % des Energieeinsatzes für motorisierten Verkehr (inklusive Schwerverkehr). Dabei ist der Anteil des motorisierten Individualverkehrs (29 %) am Modal Split deutlich niedriger als der der Öffis (37 %). Bis 2020 wollen wir einen Anteil der Öffis am Modal Split von 40 % erreichen. Das werden wir nur schaffen, wenn unser Mobilitätsangebot attraktiver ist als der motorisierte Individualverkehr. Elektroautos könnten diese positive Entwicklung gefährden. Chancen von nicht schienengebundener Elektromobilität sehen wir in neuen Mobilitätsangeboten, die Carsharing mit dem ÖPNV und der Bahn verknüpfen. Um diese Möglichkeiten in der Praxis zu erproben, haben die Wiener Stadtwerke das Modellvorhaben e-mobility on demand konzipiert, für das der Kli.En eine Förderung bewilligt hat. In diesem Projekt soll gemeinsam mit mehreren

Kooperationspartnern ein Angebot an E-Carsharing mit optimaler Verzahnung in intermodalen Wegeketten aufgebaut werden. Die Ladestationen werden an sogenannten Hotspots eingerichtet, wo es direkte Übergänge zum öffentlichen Verkehr gibt. Der Strom hierfür wird aus neu errichteten Photovoltaik- und Windkraftanlagen von Wien Energie bereitgestellt.

Im Projekt SMILE® werden wir gemeinsam mit den Wiener Linien, den ÖBB und anderen Kooperationspartnern Technologien für multimodale Informations- und Buchungssysteme entwickeln, die den Übergang zum öffentlichen Verkehr und zwischen verschiedenen Verkehrsanbietern deutlich vereinfachen sollen. Auch dieses Projekt hat inzwischen eine Förderzusage vom Kli.En erhalten. Die Arbeiten an SMILE® haben Anfang 2012 begonnen und werden drei Jahre dauern.

Im Energiebereich wollen wir den derzeit noch kleinen Bereich der erneuerbaren Energien ausbauen. So trugen Wasser, Wind, Sonne und Biomasse im Geschäftsjahr 2010 lediglich zu 10,4 % unserer gesamten Stromerzeugung bei. Bis 2030 wollen wir bei Wien Energie rund 50 % der Energieerzeugung (Strom und Wärme) auf erneuerbare Energien umstellen.[7] Die vier für 2012 geplanten BürgerInnen-Solarkraftwerke waren innerhalb kürzester Zeit verkauft. Das erste Solarkraftwerk wurde am 4. Mai 2012 in Donaustadt eröffnet und produziert seither Strom aus Sonnenkraft. Inzwi-

---

[7] Wiener Stadtwerke: Geschäftsbericht 2011, S. 42, www.wienerstadtwerke.at/eportal/ep/programView.do/programId/24618

ISABELLA KOSSINA

schen bietet Wien Energie im Rahmen seiner Solaroffensive innovative Photovoltaik-Angebote für Unternehmen und Gemeinden. Im Bereich Wärme setzen wir auf Geothermie, Solarthermie und Biomasse-Heizwerke für Ortswärmenetze.

Erneuerbare Energien sind aber ohne starke Netze und ohne Speichermöglichkeiten nicht denkbar. Daher bauen wir in Wien-Simmering in Zusammenarbeit mit Partnerfirmen erstmals eine Wärmespeicheranlage für ein großes und komplexes Hochdruck- und Hochtemperatur-Fernwärmenetz. Unsere derzeitigen Wärmeproduzenten wie die Kraft-Wärme-Kopplungs-Kraftwerke in Simmering, Donaustadt, Leopoldau und die Müllverbrennungsanlagen werden darin integriert, ebenso das Wald-Biomassekraftwerk Simmering und zukünftig auch die Geothermieanlage Aspern. Diese Anlage mit 40 MW thermischer Leistung wird bereits Anfang 2015 etwa 40.000 Wiener Haushalte, darunter in Zukunft auch Teile der Seestadt Aspern, mit umweltfreundlicher Fernwärme aus Erdwärme versorgen.

Im Bereich Mobilität und Energie sind wir als Wiener Stadtwerke die Hauptakteure in Wien für eine zukunftsfähige Infrastrukturversorgung. Wir sind uns dieser großen Verantwortung bewusst und setzen alles daran, die Stadt Wien bei der Verfolgung ihrer Ziele und Pläne zum Klimaschutz (Klimaschutzprogramm KLIP und KLIP II), zur Stadtentwicklung (STEP, Masterplan Verkehr, smart city Wien) und zur Energiewende (Städtisches Energieeffizienz-Programm (SEP) und Renewable Action Plan Vienna (RAP Vie)) zu unterstützen.

E-MOBILITÄT: EIN KONZEPT FÜR DEN KLIMASCHUTZ?

DIPL.-ING.^IN THERESIA VOGEL
KLIMA- UND ENERGIEFONDS

Die Welt – und damit wir – steht vor gewaltigen Veränderungen. Selbst wenn diese Worte nicht ohne Pathos auskommen, beschreiben sie die Herausforderungen angemessen, denen wir uns in den kommenden Jahren stellen müssen. Zahlreiche ExpertInnen attestieren: Der Klimawandel kann heute nicht mehr verhindert werden. Er ist nur mehr zu lenken und seine Auswirkungen sind zu lindern. Über die damit einhergehenden sozialen und wirtschaftlichen Verwerfungen wird andernorts ausgiebig nachgedacht. Die Frage dabei ist, ob wir die Lehren aus diesen durchwegs hausgemachten Problemen auf die sanfte oder auf die weniger sanfte Art und Weise erfahren werden. Dabei bin ich Optimistin und überzeugt, dass es uns gelingen wird, die Szenarien des Klimawandels zu entschärfen. Aber es braucht eine Abkehr von Vertrautem: Energiesysteme, Wirtschaftsstrukturen und Verhaltensweisen müssen angepasst

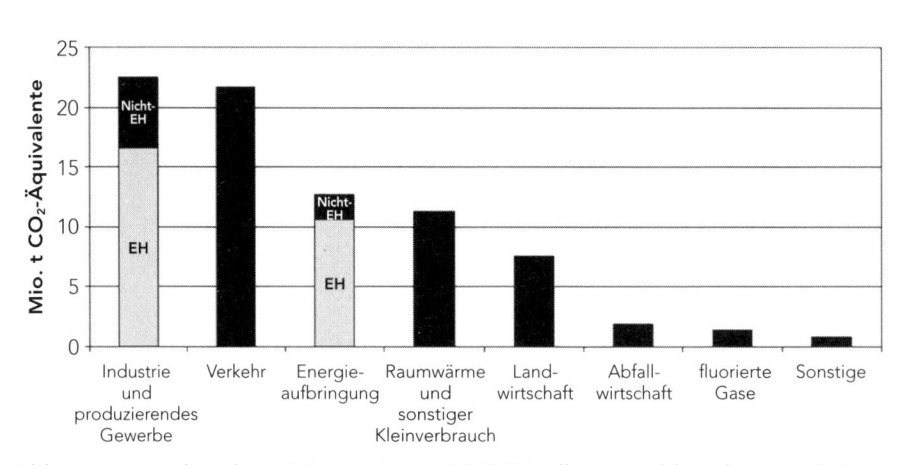

Abb. 1: Verursacher der THG-Emissionen 2009 (Quelle: Umweltbundesamt 2011)

THERESIA VOGEL

werden, um mit den Veränderungen zu Rande zu kommen. Dinge werden nicht mehr so funktionieren, wie sie es heute tun.

Ziele auf 2030 und 2050 ausrichten

Mobilität ist ein Grundbedürfnis, das es zu befriedigen gilt. Der daraus resultierende Verkehr stellt uns jedoch vor große Herausforderungen, denn er zählt neben Energiewirtschaft und Haushalten/Kleinverbrauchern zu den drei größten anthropogenen Emissionsquellen. Für den Klima- und Energiefonds sind Beförderung und Transport elementare Hebelpunkte, um einen Veränderungsprozess in Österreich anzustoßen. Trotz der Bemühungen der letzten Jahre ist die Bilanz, die Österreich bisher aufzuweisen hat, leider noch wenig zufriedenstellend: Das Verkehrsaufkommen trägt hierzulande zu rund 26 % zu den anthropogenen, den von Menschen verursachten Treibhausgas-Emissionen bei. Seit 1990 sind diese Emissionen um 61 % angestiegen. Zum Vergleich: Auf EU-Ebene liegt der Emissionsanteil aller Verkehrsträger bei rund 20 %. Die im Dezember 2008 von der Europäischen Union ausgegebenen 20-20-20-Ziele werden aus heutiger Perspektive nur mehr teilweise umsetzbar sein. In dem Abkommen haben sich die EU-Länder verpflichtet, bis 2020 um 20 % weniger Treibhausgasemissionen als 2005 freizusetzen, einen 20 %-Anteil an erneuerbaren Energien und 20 % mehr Energieeffizienz zu erzielen. Gegenwärtig gilt es, die Strategien auf 2030 und 2050 auszurichten. Die Emissions-Ziele müssen dabei die gleichen bleiben, auch wenn dies bedeutet, dass der „Turnaround" abrupter ausfallen muss, als dies noch vor fünf oder fünfzehn Jahren notwendig gewesen wäre.

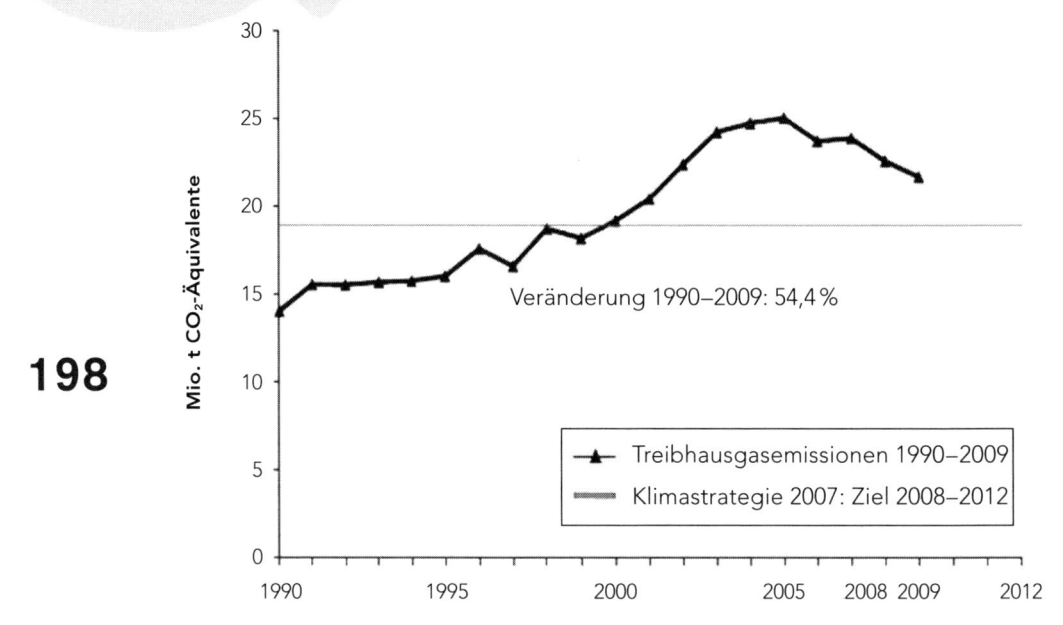

Abb. 2: Treibhausgasemissionen Sektor Verkehr 1990–2009
(Quelle: Umweltbundesamt 2011)

Zuversichtlich stimmt, dass Österreich eine gute Ausgangsbasis für Veränderungen hat: ein hoch entwickeltes Verkehrssystem, leistungsfähige Energienetze mit einem hohen Anteil erneuerbarer Energie im Stromnetz und höchste Technologiekompetenz im Automotivbereich. Und: Im Jahr 2012 sind entscheidende Weichenstellungen geschehen: Der Umsetzungsplan zur Elektromobilität und der IVS-Einführungsplan wurden entwickelt.

THERESIA VOGEL

Veränderung durch Elektromobilität

Elektromobilität zählt zu den zentralen Entwürfen der Bundesregierung wie auch des Klima- und Energiefonds, die Mobilität der Zukunft emissionsneutral und nachhaltig zu gestalten. Es gehört dabei zum Selbstverständnis des Klimafonds, emissionsreduzierende Lösungen den BürgerInnen nahezubringen, ohne mit Gesetzeskeulen und Verbotslisten zu drohen. Bereits nach seiner Gründung 2007 hat der Klima- und Energiefonds die Herausforderung erkannt und sofort mit dem Schwerpunkt der Elektromobilität gestartet. Dafür wurden Förderprogramme entworfen, die Innovationen und groß angelegte Feldversuche stimulieren. Insgesamt hat der Klimafonds bis heute 600 Millionen Euro an Impulsförderungen in bislang 39.000 Projekte investiert – allein 2011 waren es mehr als 40 Millionen Euro, die für Programme im Bereich Verkehr und Mobilität reserviert wurden.

Vom Start weg ging es beim Thema E-Mobilität um zwei übergeordnete Ziele: Es sollen Impulse gesetzt werden, Österreich auf E-Mobility vorzubereiten. Das bedeutet, Anstrengungen zu unterstützen, die Infrastruktur für Versorgung und Produktion von erneuerbarer Energie schaffen. Denn der Strom für die Elektroautos muss aus erneuerbaren Energiequellen kommen, um eine nennenswerte Klimaentlastung zu erzielen. Diese Voraussetzung muss vor dem Umbau der Verkehrssysteme gesichert werden – Österreich verfügt dafür über eine belastbare Basis. Und – so simpel es klingt – es braucht ein funktionierendes Konzept für Ladestellen, um die leeren Akkus zu füllen. Das Klimafonds-Programm der E-Mobilitäts-Regionen konzentriert sich auf diese Ziele: Die derzeit acht regionalen „Testbeds" erproben und entwickeln E-Mobilitäts-Konzepte mit verschiedenen Schwerpunkten. Dabei zeigt sich eine ungeheure Aufgeschlossenheit in der Bevölkerung, sich des Themas E-Mobilität anzunehmen und auch eigene Mittel zu investieren – selbst wenn die Technologie zweifellos noch in der Entwicklung begriffen ist und die verfügbaren Modelle noch teuer in der Anschaffung sind – aber es werden immer mehr, und die Industrie investiert stark in die Produktion. Viele der rund 3 Millionen ÖsterreicherInnen in den E-Mobilitäts-Regionen machen sich zu einem Teil eines Zukunftskonzeptes, in dem in der letzten Ausbaustufe an die 4.300 ein- und zweispurige E-Fahrzeuge über den Klimafonds gefördert werden. Sie sind die Multiplikatoren, die den Einstellungswandel nach außen tragen.

Das zweite Strategieziel konzentriert sich auf Entwicklung und Aufbau von E-Mobilitäts-Technologie. Dabei geht es um nicht weniger als den Technologiestandort Österreich: Es gilt, die heimischen Unternehmen und Forschungsinstitute auf Augenhöhe mit den Mitbewerbern jenseits der heimischen Grenzen zu halten. Außerdem soll die Zeit der Projektphasen in Forschung und Entwicklung bis zum Markteinsatz so kurz wie möglich gehalten werden.

Hier setzen unsere „Leuchtturm-Projekte der E-Mobilität" an: Wir unterstützen intensiv technologie- und umsetzungsorientierte Großprojekte auf dem Gebiet der E-Mobilität mit zum Teil sehr namhaften Beträgen. Aus bisher drei Ausschreibungen sind insgesamt sieben Projekte hervorgegangen, die sich umfassend mit Fragestellungen im Bereich der Fahrzeuge, der Schnittstelle zu Infrastruktur und AnwenderInnen und NutzerInnen beschäftigt haben. Diese Projekte sind eng mit den „Modellregionen der E-Mobilität" – den „Testbeds" der Elektromobilität – verbunden. Dadurch ergibt sich ein intensiver Austausch gemäß dem Motto „Forschung trifft Praxis".

THERESIA VOGEL

Pendeln ohne Reue

Die Fahrten von und zur Arbeit sind für rund ein Drittel aller in Österreich gefahrenen Kilometer verantwortlich. Dabei hat sich seit 1971 der Anteil der Autofahrten an den täglichen Wegen zur Arbeit fast verdoppelt. Und es gibt noch mehr Zahlen, die großen Bedarf aufzeigen: Von zehn Wegen zwischen Wohnort und Arbeitsplatz werden heute sechs mit dem Auto zurückgelegt. Die durchschnittliche Länge des täglichen Pendelweges ist binnen 30 Jahren von 11 auf 20 Kilometer gestiegen (Herry Consult).

Das Leuchtturmprojekt „eMORAIL" richtet sich an genau diese Zielgruppe der Pendlerinnen und Pendler: Ziel der Forschungen von ÖBB, Post und weiteren 11 Partnern ist die Erprobung einer kostengünstigen und umweltschonenden Mobilitätslösung für

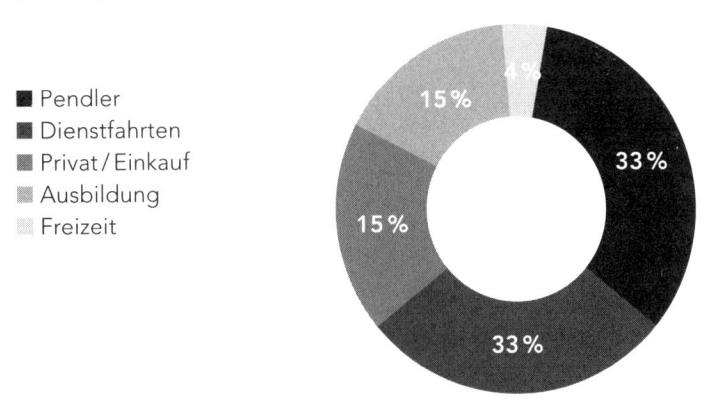

- Pendler
- Dienstfahrten
- Privat/Einkauf
- Ausbildung
- Freizeit

Pendler 33%, Dienstfahrten 33%, Privat/Einkauf 15%, Ausbildung 15%, Freizeit 4%

Abb. 3: Anteil der Kilometer pro Fahrzweck, 2007 (Quelle: Herry Consult)

Menschen, die zu ihrem Arbeitsplatz täglich anreisen müssen. Interessierten wird mit dem Kauf einer ÖBB-Fahrkarte ein „E-Fahrzeug" am Wohnort sowie ein damit verbundenes „E-Carsharing"- und „E-Bike"-Angebot am Zielort zur Verfügung gestellt. In einem ersten Pilotversuch wird diese integrierte Verkehrsdienstleistung für PendlerInnen in den beiden ländlichen Regionen Bucklige Welt (Niederösterreich) und Leibnitz (Steiermark) sowie das intermodale „E-Carsharing"- und „E-Bike"-Angebot in den beiden Städten Wien und Graz umgesetzt und erprobt. Wichtig dabei: Der benötigte Strom wird mit eigens errichteten Photovoltaikanlagen erzeugt. Um eine hohe Fahrzeugauslastung sicherzustellen, werden die Elektrofahrzeuge tagsüber von EVN, Post oder Gemeinden betrieblich genutzt. Dadurch kann die Anzahl der Fahrzeuge insgesamt minimiert werden. Mit der Unterstützung dieses Leuchtturmprojektes unterstreicht der Klimafonds, wie stark sich zukunftsfähige Verkehrskonzepte von der Notwendigkeit des eigenen PKWs entfernen. Die Demonstrationsphase des Leuchtturm-Projekts startet im September 2012 in einer ersten Phase in der Region Leibnitz.

Größtes kooperatives Forschungsprojekt

Stark technologiegetrieben ist das Leuchtturmprojekt „EMPORA", das größte Forschungsprojekt in Österreich. 21 österreichische Projektpartner arbeiten bei einem Projektvolumen von 26 Millionen Euro – 12 davon kommen vom Klimafonds – an der gesamten Wertschöpfungskette der Elektromobilität. Mit dabei sind Leitbetriebe wie Siemens, MAGNA, AVL, Infineon, A1, AIT, VERBUND und andere Energieversorger. Ziel von EMPORA ist es, Elektromobilität über die gesamte Wertschöpfungskette abzudecken und Entwicklungslösungen zu erarbeiten – vom Fahrzeug bis hin zu den Mo-

THERESIA VOGEL

bilitätsangeboten für Kunden und Kundinnen. Es geht um die Integration der gesamten Nutzerkette. Dabei werden österreichische E-Mobilitäts-Innovationen nicht nur in ihrer Funktionalität weitergetrieben und getestet, sondern auch als Teil von Geschäftsideen eingesetzt. So arbeiten automotive Zulieferer, Energieversorger und Mobilitätsdienstleister zusammen: Von der Energiebereitstellung aus erneuerbaren Quellen und intelligenter Ladeinfrastruktur über Weiterentwicklung des Antriebsstranges im Fahrzeug bis zu Mobilitätsangeboten für den Kunden werden Projektergebnisse sichtbar gemacht – und immer wieder Ansatzpunkte für Verbesserungen gefunden.

E-Mobilität als Teil des Gesamtplans

Diese Aktivitäten überzeugen, dass nachhaltige Mobilitätskonzepte nicht darin bestehen, dass in jeder Familie und bei jedem/-r BürgerIn ein akkubetriebener PKW in der Garage steht. Dies wird nachhaltig orientierte E-Mobilität nicht leisten können und es würde alle Anstrengungen des Klimaschutzes unterlaufen. E-Mobilität hat die Chance, mehr als der Ersatz der fossil betriebenen Autos durch eine neue PKW-Generation zu sein. Es wird – vor allem in wachsenden urbanen Regionen – zu einem Zusammenwachsen von Verkehrs- und Energiesystemen kommen, bei denen Akkus Energie nicht nur in Mobilität umwandeln, sondern sie speichern und zu Spitzenlastzeiten an das Netz abgeben. Hier trifft „Smart Mobility" auf „Smart Grids", wie die deutsche Verkehrsforscherin Barbara Lenz in einem Beitrag für den Klima- und Energiefonds schreibt. Das Projekt „Smart Suburban Region" von Perchtoldsdorf und Brunn/Gebirge demonstriert im Rahmen des Klimafonds-Programms „Smart Cities" perfekt, wie Mobilität in Ballungsräumen umgebaut werden kann. Es wird intensiv an Plänen gearbeitet, das Problem der „last mile" mit Hilfe von E-Mobilitäts-Konzepten zu lösen. Das Laden von E-Mobilen in nachfrageschwachen Lastperioden in Kombination mit „Park & Ride"-Systemen ist dabei ein Anfang. Über Möglichkeiten des „Carsharings" und der individuellen Nutzung von gemieteten Fahrzeugen werden Testversuche angestellt. Mobilität ist in Zukunft ein Mix aus komfortorientiertem öffentlichem Verkehr, dichtem Fuß- und Fahrradwegenetz und einem stromgestützten Individualverkehr.

Wende im Kopf

Es wird keine „Smart Cities" ohne „Smart Mobility" geben, das steht fest. Dabei wird es notwendig sein, die Arbeit zum Wohnort der Arbeitnehmers wandern zu lassen und nicht mehr umgekehrt. Diese Konzepte werden vor allem den urbanen Raum verändern, in dem der Individualverkehr ohnehin an seine Grenzen stößt. E-Mobilität – auch wenn sie heute noch teuer und wenig massenkompatibel erscheint – wird in dem Umbau eine zentrale Rolle einnehmen. Österreich muss und wird darauf vorbereitet sein – als Technologiestandort und als Industrieland mit extrem hoher Mobilitätsrate.

Allerdings bedeuten die angedeuteten Umstellungen eine Abkehr von gewohnten Selbstverständlichkeiten. Es wäre naiv zu glauben, dass dies von Seiten der Bürgerinnen und Bürger kommentarlos hingenommen wird. Aber die Kosten von individueller Mobilität werden sich vervielfachen und für ein Umdenken sorgen. Damit Mobilität nicht zum Luxusgut für wenige wird, braucht es nicht nur eine Energiewende, sondern auch eine Wende im Kopf. Und der Klima- und Energiefonds tritt an, die richtigen Reize dort zu setzen, wo sie die maximale Wirkung entfalten. Es gilt, Einstellungen zu ändern.

WIEN HOLDING: LEBENSQUALITÄT ALS AUFTRAG

KR PETER HANKE
WIEN HOLDING

Nachhaltige Projekte für ein lebenswertes und nachhaltiges Wien

Im Wettbewerb der europäischen Städte hat sich die Stadt Wien ganz ausgezeichnet positioniert. Speziell im Bereich des Umwelt- und Klimaschutzes sowie als Stadt, die ganz im Sinne der Nachhaltigkeit versucht, ihren ökologischen Fußabdruck möglichst klein zu halten, gilt Wien weltweit als Musterstadt. In zahlreichen Städterankings ist Wien in dieser Hinsicht auf den Top-Plätzen zu finden. So zum Beispiel in der renommierten Mercer-Studie, die Wien bereits zum dritten Mal in Serie als Stadt mit der weltweit besten Lebensqualität ausweist. Und im weltweiten Ranking der Smart Cities liegt Wien ebenfalls auf dem ersten Platz. Die Wien Holding leistet mit ihren rund 75 Unternehmen und zahlreichen Projekten einen entscheidenden Beitrag dazu, dass Wien eine Stadt ist, in der die Menschen gerne leben.

Die große Klammer, die alle Unternehmen im Wien Holding-Konzern miteinander verbindet, ist das Ziel, noch mehr Lebensqualität für Wien zu schaffen. Es geht darum, das Leben für alle in dieser Stadt zu verbessern und die hohen Standards zu halten, die Wien zu einer der lebenswertesten Städte weltweit machen. Dieses Ziel verfolgt die Wien Holding grundsätzlich mit allen ihren Unternehmen in allen Geschäftsfeldern.

Smart City Wien

So ist zum Beispiel das Wien Holding-Unternehmen TINA VIENNA für die Stadt Wien unter anderem beim Projekt Smart City Wien tätig. Der Begriff „Smart Cities" bezeichnet Städte, die Ressourcen intelligent und effizient nutzen und innovative Technologien einsetzen, um Kosten und Energie zu sparen, ihr Dienstleistungsangebot zu erweitern und die Lebensqualität zu erhöhen.

Die zahlreichen in Wien entwickelten und in der Praxis bereits erprobten Technologien, effiziente Förderschienen, eine hohe regionale Wirtschaftskraft und das Bekenntnis der Stadt, mit entsprechenden Programmen und Plänen für eine nachhaltige, umwelt- und klimafreundliche Entwicklung der Stadt zu sorgen, schaffen beste Voraussetzungen dafür, dass Wien zum Testgebiet für zukünftige, besonders umweltverträgliche und klimaschonende Wirtschaftsweisen und Lebensstile werden kann.

Vor allem vor dem Hintergrund des Smart City-Projektes und der damit verbundenen Förderschienen der Europäischen Union ist es das Ziel der TINA VIENNA, verstärkt Projekte auch in europäischen Kommunen zu akquirieren, bei denen die Wiener Stadt- und Umwelttechnologien eingesetzt und von Wiener Unternehmen realisiert werden. Dazu zählen auch die modernsten Technologien, die in der ebswien hauptkläranlage zur Reinigung des gesamten Wiener Abwassers eingesetzt werden. Im Auftrag der Stadt Wien verwaltet die Wien Holding dieses Unternehmen.

Sauberes Wasser

In den letzten Jahren wurde die Hauptkläranlage zu einer der modernsten Kläranlagen Europas ausgebaut. Die ebswien sorgt seit 32 Jahren für klare Verhältnisse in

PETER HANKE

Wien. Die Abwasserreinigung erfolgt heute auf einem derart hohen Niveau, dass nach dem Ablauf der Kläranlage keine Beeinträchtigung für die Donau entsteht. Das heißt, die Donau verlässt Wien in derselben guten Qualität, in der sie in die Stadt gekommen ist.

Das Umweltmanagement der ebswien hauptkläranlage genießt international höchsten Respekt, das belegt auch die Verleihung des EMAS Awards durch die Europäische Kommission im Jahr 2010. Durch seine Arbeit erspart das Unternehmen der Donau enorme Mengen an Schmutzstoffen, die im Abwasser der Wienerinnen und Wiener enthalten sind: Neben rund 70 Millionen Kilogramm Feststoffen wurden in den beiden biologischen Stufen der Anlage im Jahr 2011 knapp 32 Millionen Kilogramm organischer Kohlenstoff, 8,9 Millionen Kilogramm Stickstoff und 1,2 Millionen Kilogramm Phosphor entfernt. Ohne Behandlung des Abwassers würden diese beachtlichen Schmutzmengen eine erhebliche ökologische und hygienische Belastung der Donau verursachen.

Energieautark ab 2020

Mit den für die Abwasserreinigung nötigen Ressourcen geht die ebswien sehr verantwortungsvoll um. Denn Abwasserreinigung ist ein energieintensiver Prozess. Die ebswien hauptkläranlage benötigt dafür rund ein Prozent des Gesamtstromverbrauchs in Wien. Um möglichst unabhängig von fossilen Energieträgern zu werden, setzt das Unternehmen seit Jahren auf die Erhöhung der Energieeffizienz der Anlage und den Einsatz von erneuerbaren Energieträgern. So nutzt die ebswien hauptkläranlage auf ihrem Gelände Sonnenenergie, Wasser- und Windkraft.

Das größte Projekt in dieser Hinsicht wird unter dem Titel „EOS – Energieoptimierung Schlammbehandlung" derzeit vorbereitet. Dabei soll das in sechs jeweils 30 Meter hohen Faultürmen aus dem Klärschlamm entstehende Klärgas in einem Blockheizkraftwerk in Strom und Wärme umgewandelt werden. Die neue Schlammbehandlungsanlage wird ab 2015 in sechsjähriger Bauzeit bei voller Aufrechterhaltung des Betriebs errichtet. Ab 2020 kann dann der Energiebedarf der Anlage aus dieser erneuerbaren Energiequelle gedeckt werden. Das erspart der Umwelt dann 40.000 Tonnen CO_2-Äquivalente pro Jahr und ist ein wichtiger Beitrag zur Erreichung der Wiener Klimaschutzziele.

Energie-Optimierer

Als Energie-Optimierer macht sich auch die Central Danube GmbH einen Namen, an der die Wien Holding und die Raiffeisenlandesbank Niederösterreich-Wien beteiligt sind. Bekannt ist dieses Unternehmen vor allem als Betreiber des Twin City Liners. Doch die Central Danube hat noch ein weiteres Standbein: Sie realisiert kommunale und regionalspezifische Energiespar-Projekte, die direkten Nutzen für die KundInnen und die Lebens- sowie Mobilitätsqualität der Menschen sowie die Reduktion von klimaschädlichen Kohlendioxid-Emissionen bringen.

PETER HANKE

Das Hauptbetätigungsfeld der Central Danube in diesem Bereich ist das „Energy-Contracting": Darunter versteht man die Optimierung des Energiehaushaltes von Industrie- und Wirtschaftsanlagen, Firmengebäuden, Verwaltungsgebäuden oder sogar ganzen Gemeindekomplexen. Keinen Cent an Eigenmitteln müssen die Kunden für die Bezahlung des gesamten Projekts aufbringen. Denn die durch technische und organisatorische Optimierungsmaßnahmen erzielten Energieeinsparungen refinanzieren die dafür notwendigen Investitionen innerhalb von fünf bis zehn Jahren. Die Technologien, die beim Energy-Contracting angewendet werden, reichen vom Einbau moderner Kesselanlagen über vernetzte Regelungssysteme bis zum Einsatz regenerierbarer Energien wie beispielsweise thermische Solaranlagen, Wärmepumpen, Biomasse und vieles mehr. Auch Energielieferverträge werden auf ihre Wirtschaftlichkeit hin überprüft.

So erstellt die Central Danube im Auftrag der Universität Innsbruck eine umfangreiche Machbarkeitsstudie, um die Energieeinsparungspotenziale sowohl bei der Beleuchtung als auch bei Heizungs-, Klima-, Lüftungs- und Brauchwasseranlagen zu ermitteln.

Auch für das Wiener Sportamt arbeitet die Central Danube und hat die technische Planung, Ausschreibung und örtliche Bauaufsicht für das Projekt „2012 Sport-Contracting der MA 51" übernommen. Auf zehn Sportplätzen werden energieeffiziente Maßnahmen – wie die Installation von Solaranlagen, Wärmedämmung und Erneuerung der Kesselanlagen – realisiert. Die Sportvereine verpflichteten sich, die durch die Maßnahmen erzielten Energieeinsparungen in den Jugendsport zu investieren. Die von den Ausführungsfirmen garantierte Energieeinsparung im Jahr beträgt fast 51.000 Kilowattstunden. Dazu kommen zahlreiche weitere Aufträge für Kunden in Wien, den Bundesländern oder in Osteuropa.

Umweltfreundlicher Stadthafen

Rund 3,5 Millionen Quadratmeter ist das Areal des Hafen Wien groß. Die Hafen Wien-Gruppe, die zur Wien Holding gehört, betreibt hier mit ihren Tochtergesellschaften drei große Güterhäfen inklusive Infrastruktur: den Hafen Freudenau, den Hafen Albern sowie den Ölhafen Lobau. In der Mitte der Wasserwege zwischen Nordsee und Schwarzem Meer kommt dem Hafen Wien eine bedeutende logistische Rolle zu – auch aus ökologischer Sicht. Über den umweltfreundlichen Wasserweg kommen jährlich rund 1.100 Schiffe nach Wien, voll beladen mit Produkten wie zum Beispiel Getreide, Schotter, Düngemitteln, Salz, Erdölprodukten, Hüttensand oder Stahl und Holz.

Der Hafen Wien setzt konsequent auch auf den Transportweg Schiene: zum Beispiel mit dem neuen Containerterminal, der gemeinsam mit den ÖBB errichtet wurde. Pro Woche werden von der WienCont im Hafen Wien rund 100 Eisenbahnzüge voll beladen mit Containern abgefertigt. Diese Zugverbindungen verknüpfen den Hafen Wien auch mit den großen Seehäfen wie Hamburg, Rotterdam oder Bremerhaven. Weitere Züge verbinden den Hafen mit Knotenpunkten in Central Eastern Europe

PETER HANKE

wie Budapest und Bratislava. Und natürlich gehen viele Container vom Hafen Wien aus auch in die verschiedensten Städte in Österreich. Das Netz der Verbindungen wird stetig ausgebaut: So verkehren seit Ende Oktober 2011 zwei Containerzüge wöchentlich vom Hafen Wien in den slowenischen Hafen Koper. Auch mit dem Seehafen Rostock wurde eine neue Ganzzugsverbindung (Starttermin September 2012) vereinbart. Der Vorteil: Über Rostock können Güter bis nach Skandinavien transportiert werden.

Kontinuierlich entwickelt der Hafen Wien Konzepte mit dem Ziel, Mensch und Umwelt zu schonen. Terminals werden technisch hochgerüstet, Lagerhallen vergrößert, die Anbindung an den Schienenverkehr wird erweitert und der Hochwasserschutz optimiert. So schützt seit 2010 auch ein Hochwassertor den Hafen Freudenau vor Überflutungen.

Umweltschonende Landgewinnung

Bei den Arbeiten zur „Landgewinnung" im Hafen Freudenau legt der Hafen Wien größten Wert auf eine ökologische Vorgangsweise. So stammt das Aushubmaterial, das in das Hafenbecken eingebracht wird, von anderen Großbaustellen in Wien. In der ersten Etappe des Projektes werden bis Ende 2012 über 30.000 Quadratmeter Land dem Wasser abgerungen. Das gesamte Flächenpotenzial des Projektes liegt bei 75.000 Quadratmetern. Hier können neue Anlagen für den Warenumschlag errichtet werden. Die Möglichkeit, durch die Verkleinerung des Hafenbeckens Land zu gewinnen, verdankt der Hafen Wien auch der Weiterentwicklung in der Schifffahrt. Die Frachtschiffe heute haben wesentlich kleinere Wendekreise und lassen sich auch in einem kleineren Hafenbecken einfach manövrieren.

Erstes grünes Laborgebäude Österreichs

Auch im Immobilienbereich setzt die Wien Holding sowohl im Wohnbau wie auch bei ihren Gewerbeimmobilien zahlreiche Maßnahmen zum Umwelt- und Klimaschutz. Zum Beispiel bei der Marxbox, einer Labor- und Büroimmobilie am Standort Neu Marx in Wien-Landstraße. Erst vor kurzem wurde die Marxbox vom U.S. Green Building Council mit dem LEED-Zertifikat in Gold (Leadership in Energy and Environmental Design) ausgezeichnet. Diese hohe Einstufung wird nur an Gebäude vergeben, für die bereits während der Bauphase und im laufenden Betrieb klimafreundliche Technologien eingesetzt werden, um aktiv Treibhausgase – und auch die Betriebskosten für die Nutzer – zu reduzieren. Die Marxbox ist damit das erste Laborgebäude in Österreich, das diese Auszeichnung erhalten hat.

Die Immobilie – speziell entwickelt für Nutzer aus dem Bereich Life Sciences – ist Teil der Erweiterung des Campus Vienna Biocenter (VBC), der schon jetzt ein international hoch angesehener Wissenschaftsstandort ist. Bereits angesiedelt sind unter anderem die Studiengänge für Molekulare Biotechnologie der FH Campus Wien, die Vienna School of Clinical Research und diverse nationale und internationale Biotechnologieunternehmen. Auf insgesamt rund 11.700 Quadratmetern vermietbarer Fläche

PETER HANKE

bietet die Marxbox flexible Raumhöhen für Büro- und Labornutzung und gleichzeitig höchste Energieeffizienz: Entwickelt und errichtet wurde die Marxbox von der Wiener Stadtentwicklungsgesellschaft (WSE), einem Unternehmen der Wien Holding, und der privaten S+B Gruppe.

Das Wissen Wiens vermarkten

Zahlreiche Strategien, Konzepte, Technologien und Lösungen werden in Wien eingesetzt, um die Stadt umweltfreundlich, nachhaltig und lebenswert zu gestalten. Dieses Know-how zu bündeln und international zu vermarkten – immer mit dem Fokus auch auf die Wiener Wirtschaft – ist auch Aufgabe der TINA VIENNA – Urban Technologies & Strategies. Damit wird nationalen und internationalen Gebietskörperschaften die Möglichkeit geboten, die in Wien entwickelten Erkenntnisse, Konzepte und Produkte für ihre Bedürfnisse zu nutzen. Gleichzeitig bereitet die TINA VIENNA für ihre NetzwerkpartnerInnen (Dienststellen und Unternehmen der Stadt Wien) Informationen zu internationalen Entwicklungen im Bereich Urban Technologies & Strategies auf und übernimmt somit für ihre PartnerInnen eine Drehscheibenfunktion zu diesen Themen – als Vermittler nach außen und als Informationsstelle nach innen.

Und noch ein zweites Unternehmen, an dem die Wien Holding beteiligt ist, widmet sich der Vermarktung von Wiener Know-how: die Vienna Technology, Transfer Corporation (VTTC). Den Fokus legt die VTTC dabei auf die Bereiche Umweltschutz & Energie sowie Sport & Entertainment. Vom Consulting bis hin zur gemeinsamen

Realisierung: Die VTTC ist eine verlässliche Partnerin, wenn es darum geht, Wiens Know-how in der Praxis einzusetzen. Von der Planung und Entwicklung der Projekte über die Projektfinanzierung und das Projektmanagement bis zur Errichtung und dem Betrieb der Anlagen reicht die Palette der Leistungen.

Wien Holding: Ein Konzern – 75 Unternehmen

Rund 75 Unternehmen sind derzeit unter dem Dach der Wien Holding vereint. Der Konzern befindet sich im Eigentum der Stadt Wien. Er erfüllt kommunale Aufgaben, ist privatwirtschaftlich organisiert und auf Ertrag ausgerichtet, unter Berücksichtigung gemeinwirtschaftlicher Ziele. Zukunftsorientiert und nachhaltig wirtschaften mit genügend Spielraum für Investitionen bei höchster wirtschaftlicher Stabilität, das ist die Strategie der Wien Holding. Sie trägt mit ihren Betrieben zur Wertschöpfung in Wien pro Jahr rund eine Milliarde Euro bei und sichert direkt und indirekt rund 13.400 Arbeitsplätze.

Die Unternehmen der Wien Holding sind in insgesamt fünf verschiedenen Geschäftsfeldern tätig: Kultur, Immobilien, Logistik, Medien und Umwelt. Die rund 2.200 Mitarbeiterinnen und Mitarbeiter haben im Jahr 2011 einen Rekordumsatz von 400 Millionen Euro erwirtschaftet. Im Ranking der größten österreichischen Betriebe liegt die Wien Holding unter den Top 200. Auch in wirtschaftlich schwierigen Zeiten hält das Unternehmen sein hohes Investitionsniveau. Für das Jahr 2012 sind Investitionen in der Größenordnung von rund 125 Millionen Euro vorgesehen.

STAHL ALS BASIS FÜR NEUE MOBILITÄTS- UND ENERGIEKONZEPTE IN DEN STÄDTEN DER ZUKUNFT

DR. WOLFGANG EDER
VOESTALPINE AG

Im Wettbewerb der Werkstoffe setzt Stahl mit neuen Technologien ein kräftiges Lebenszeichen. Moderne Städte müssen aber nicht nur neue Konzepte für Mobilität und Energie entwickeln, sondern auch bestmöglich miteinander vernetzen. Darin liegt auch ein Forschungsschwerpunkt der voestalpine.

60% des weltweiten Umsatzes erzielt der voestalpine-Konzern in den Bereichen Mobilität und Energie. Der mit rund 45% mit Abstand größte Teil entfällt auf innovative Produkte und Werkstoffe für Mobilität – das heißt auf Automobil und Nutzfahrzeuge, Bahninfrastruktur und Aerospace –, 15% auf (konventionelle und erneuerbare) Energie. Moderne Städteplanung stellt daher auch für uns eine große Herausforderung dar, geht es doch in der Werkstoff- und Produktentwicklung zunehmend um die breite Betrachtung von Mobilität und Energie. Sie beginnt bereits mit der Herstellung von Produkten und Werkstoffen und ermöglicht am Ende des Prozesses die sinnvolle Kombination unter Nutzung der technologischen Synergien.

Vernetzung von Mobilität und Energie

Denn beide Bereiche hängen eng zusammen. Begriffe wie „Energieeffizienz", „Emissionsverringerung" und „Verkehr" bedingen einander und ergeben nur in der Gesamtbetrachtung neue Städtekonzepte, die Automobil- und Bahnverkehr, aber auch Personen- und Gütertransport besser miteinander kombinieren und auch die Energieerzeugung mitberücksichtigen. Auto und Schiene, Elektromobilität und effizientere herkömmliche Antriebe oder konventionelle und erneuerbare Energien sind längst keine Gegensätze mehr, sondern werden in modernen Städten sinnvoll mit erforderlichem Energiebedarf kombiniert und miteinander innovativ vernetzt. Wer diese Entwicklungen prägen und mitgestalten möchte, muss über umfassende Erfahrung, höchstes technologisches Know-how und eine breite globale Präsenz verfügen.

Hightech für Metros

Wenn Sie etwa in städtischen Metropolen – sei es in Wien, London, Neu-Delhi oder São Paulo – mit den Metros unterwegs sind, sind diese mit modernster Weichen- oder Schienentechnologie made by voestalpine als globalem Marktführer ausgestattet. Dasselbe gilt im Hochgeschwindigkeitsverkehr von Deutschland bis Taiwan, wo unsere Hightechprodukte nicht mehr aus modernen Bahnfahrwegen wegzudenken sind.

Höhere Passagierfrequenzen, sehr enge – und für die Betreiber kostspielige – Wartungsintervalle bei gleichzeitig hohem kommunalen Finanzierungsdruck stellen nicht nur an die Städte, Verkehrsunternehmen und Netzbetreiber neue Anforderungen, sondern auch an jene Unternehmen, die als Lieferanten und Entwickler zur Lösung dieser Probleme beitragen. Im Schienenverkehr gilt es beispielsweise, höchste Verlässlichkeit bei sicherheitskritischen Komponenten mit gleichzeitig reduziertem Wartungsaufwand, besserer Verfügbarkeit und damit optimierten Betriebskosten zu verbinden.

WOLFGANG EDER

24-Stunden-Betrieb des öffentlichen Verkehrs dank modernster Weichentechnologie

Ein Beispiel: Mit der „steckerfertigen Weiche" verfügt voestalpine über ein hochkomplexes Produktsegment, das es ermöglicht, erhebliche Einsparungen in der Logistik zu erzielen, indem eine Weiche gewissermaßen montagefertig just in time an die Baustelle geliefert und vor Ort eingebaut und angeschlossen werden kann. Das beschleunigt die Inbetriebnahme von Strecken und reduziert innerstädtischen Transportaufwand. Darüber hinaus hat voestalpine die weltweit einzigartige „Hytronics"-Technologie entwickelt, die hydraulischen Weichenantrieb mit elektronischen Diagnosesystemen kombiniert. Die Weiche liefert online aktuelle Informationen über ihren Zustand, was es ermöglicht, aufwändige Wartungsstillstände vor allem im Personenbahnverkehr zu minimieren. Gerade in Städten wie Wien, die einen 24-Stunden-Betrieb ihres U-Bahn-Netzes aufrechterhalten müssen, ein entscheidender Beitrag für reibungslosen städtischen Verkehrsfluss.

Abfallvermeidung durch Innovationen in der Produktion

Am Ende des Lebenszyklus steht sowohl beim Auto als auch bei der Bahn die Wiederverwertung, die ebenfalls einen wesentlichen Teil der energie- und umweltrelevanten Gesamtbetrachtung bildet. Dieser Gedanke hat einen unmittelbaren Einfluss auf die Lebensqualität in Städten, zählt doch die Abfallvermeidung zu den größten Prioritäten. Für Hightech-Stahl sprechen hier zwei Argumente: Zum einen ist er der einzige Werkstoff, der – ohne Qualitätsverlust – wieder in der Produktion verwertet werden kann, nämlich in Form von Schrott als einem der wichtigsten „Rohstoffe" der Stahlherstellung. Aus einer Qualitätsschiene kann daher wieder eine Qualitätsschiene, aus einer modernen Autokarosserie wieder eine Autokarosserie erzeugt werden. Einmal hergestellt, bleibt Stahl also im gesamten Lebenszyklus erhalten, was ihn zu einem der ressourceneffizientesten Werkstoffe überhaupt macht.

Und nicht nur das – auch Kunststoffe, die in Städten in erheblichem Ausmaß anfallen, können wiederverwertet werden. voestalpine hat in Linz ein weltweit einzigartiges Verfahren entwickelt, mit dem jährlich bis zu 200.000 Tonnen aufbereitete Altkunststoffe, die ansonsten deponiert oder verbrannt werden müssten, im Hochofenprozess eingesetzt werden können. Durch den Ersatz fossiler Reduktionsmittel werden damit die CO_2-Emissionen um bis zu 400.000 Tonnen pro Jahr verringert. Motivation für dieses Projekt war es übrigens, die Automobilindustrie bei der Erfüllung der EU-Richtlinie zu unterstützen, die Hersteller zu hohen Verwertungsquoten von Altautos verpflichtet – gleichzeitig ist dies auch ein Beispiel dafür, wie moderne, umweltverträgliche Produktion auch inmitten einer Industriestadt erfolgen kann.

Moderne Mobilität ist nicht nur eine Frage des Antriebs

Die öffentliche Diskussion ist derzeit hauptsächlich auf den Individualverkehr in Städten fokussiert, insbesondere vor dem Hintergrund EU-weit strengerer CO_2-Vorgaben für Automobilhersteller, der Einrichtung eigener städtischer Fahrverbotszonen und

WOLFGANG EDER

nicht zuletzt von Trends wie Carsharing. Die Diskussion nur auf die Frage des Antriebs alleine zu beschränken – Elektro, Hybrid oder konventionelle Verbrennungsmotoren – greift zu kurz. Zum einen hängt der ökologische Effekt von E-Mobilität entscheidend davon ab, woher die Energie für die Elektromotoren bezogen wird – solange der breitflächige Ausbau der Energienetze für den Einsatz erneuerbarer Energieträger, der wiederum ohne innovative Stahlprodukte unrealistisch ist, nicht erfolgt ist, bleibt der ökologische Nutzen von mit konventionellen (fossilen) Energieträgern betriebenen Elektromobilen begrenzt.

„Leichtbau" als technologische Herausforderung

Neue Mobilitätslösungen im Automobilbau erfordern teilweise – vor allem, aber nicht nur beim E-Mobil – auch neue Konstruktionskonzepte. Autos sollen nicht nur immer leichter und damit kraftstoff- und emissionsärmer werden, sondern gleichzeitig stabiler und sicherer – sie müssen teilweise „neu geplant" werden, weil beispielsweise ein E-Auto aufgrund anderer Komponenten und unterschiedlicher technologischer Prinzipien nicht gleich wie ein herkömmliches Auto mit Verbrennungsmotor gebaut werden kann. Es gilt – bei beiden Varianten – komplexeste Bauteile zu designen und möglichst leicht, aber ebenso crashsicher zu entwickeln. Hier hat sich am Markt – unter der Marke phs-ultraform® – eine weltweit einzigartige Innovation der voestalpine in Serie durchgesetzt. Dabei handelt es sich um einen speziellen presshärtenden Stahl im höchstfesten Segment, der Leichtbauweise in neuer Dimension ermöglicht, vor allem bei sicherheitskritischen Teilen. Derzeit werden in diesem Segment kundengetrieben nicht nur neue Produktionsanlagen in Deutschland, sondern auch in den USA, in China und in Südafrika errichtet.

Gemeinsame Konzepte mit Kunden aus Verkehr und Energie

Bei Mobilitätskonzepten der Zukunft nutzt voestalpine intensive Forschungs- und Entwicklungskooperationen mit strategischen Kunden. Dies gilt für renommierte Automobilhersteller ebenso wie für die Luftfahrtindustrie oder den Bahnbereich. So werden etwa seit langem neue Technologien gemeinsam mit den Wiener Linien entwickelt, viele davon werden hier erstmals überhaupt weltweit eingesetzt. Ähnliches gilt für die ÖBB und die Deutsche Bahn sowie im Automobilbau für Partner wie BMW oder Daimler. Und auch im Energiebereich laufen eine Reihe von weltweiten Entwicklungsprojekten etwa mit Windparkbetreibern, Energieversorgern und Engineeringunternehmen.

Den Energiehunger der Städte stillen

So befasst sich voestalpine im Rahmen des Konzernprojektes „voestalpine 2030/Zukunftsmärkte" seit einiger Zeit mit der Entwicklung neuer Werkstoffe und Technologien in langfristig wachsenden Geschäftsfeldern und Märkten, wobei Mobilität und erneuerbare Energien (Wind, Solar) im Mittelpunkt stehen.

Im Zusammenhang mit Städteplanung wird künftig ein Miteinander der einzelnen Energieträger stehen, denn den immer größeren Energiebedarf insbesondere

WOLFGANG EDER

von neu errichteten „Megacities" ausschließlich mit Sonne und Wind stillen zu können, ist eine – vor allem im Hinblick auf die Versorgungssicherheit – gefährliche Illusion.

Daher steht in diesem Projekt auch die Frage im Vordergrund, wie konventionelle Energieträger, die vielfach unmittelbar Einfluss auf Städte haben, wie etwa in urbaner Nähe stehende Dampfkraftwerke, energieeffizienter und damit noch umweltverträglicher werden können; eine technologisch äußerst anspruchsvolle Aufgabe, weil es dazu neuer Werkstoffe bedarf, welche die Nutzung entsprechender Dampftemperaturen überhaupt „aushalten" und damit eine markante Erhöhung des Wirkungsgrades ermöglichen. Auch hier trägt voestalpine gemeinsam mit unseren Partnern aus der Energieindustrie maßgeblich zu Weiterentwicklungen bei.

Energie aus der Industrie ins kommunale Netz

Ein anderes Beispiel, das die ganzheitliche Betrachtung, die wir im voestalpine-Konzern forcieren, unterstreicht: An den größten Konzernstandorten in Österreich ist voestalpine weitgehend energieautark, das bedeutet, die in der Produktion anfallende Wärme wird durch intelligente Nutzung praktisch zur Gänze wiedergewonnen und in eigenen Kraftwerken umgewandelt. Und nicht nur das: Teilweise liefert voestalpine sogar Fernwärme in das kommunale Netz, trägt also dazu bei, dass keine neuen Wärmeerzeugungskapazitäten für Städte und Gemeinden geschaffen werden müssen. Musterbeispiel ist Leoben, das sein Fernwärmenetz langfristig ausbaut und dabei exklusiv auf in der voestalpine gewonnene Abwärme zurückgreift.

Neue Werkstoffe für effizientere Motoren

Ein weiteres Beispiel für Überschneidungen von Mobilität und Energie ist das sogenannte Elektroband, das sind spezielle Hightech-Materialien, die immer effizientere Elektromotoren ermöglichen. Elektroband ist ein Funktionswerkstoff, der in den verschiedensten Formen für den Aufbau von Magnetkernen in elektrischen Geräten und Maschinen eingesetzt wird. Dies ist nicht nur für den Trend zur E-Mobilität relevant, sondern überall dort, wo derartige Antriebe eingesetzt werden, beispielsweise in Generatoren von Kraftwerken. Es handelt sich dabei also um einen integrierten Bestandteil moderner Städteplanung, die Mobilität und Energieerzeugung miteinander vernetzt. Im Zusammenhang mit E-Mobilität bestimmen Bauteile aus Elektroband die Energieeffizienz von elektrischen Antriebsmotoren. Ihre Eigenschaften haben unmittelbaren Einfluss auf das stärkste Verkaufsargument – den Verbrauch bzw. die Reichweite von Elektrofahrzeugen.

Wo entstehen die „Städte der Zukunft"?

Eines steht jedoch außer Frage: Bahnbrechende Neukonzepte entstehen derzeit in den seltensten Fällen in Europa, sondern dort, wo die „Megacities" der Zukunft gänzlich neu konzipiert und errichtet werden, allen voran in Asien. Dort gibt es eine

WOLFGANG EDER

Reihe von Pilotprojekten, die Städteplanung, Energie und Verkehr als ganzheitliches Konzept begreifen. Im Unterschied zur angespannten Budgetsituation von Städten und Kommunen in Europa sind dort offenkundig auch die Finanzmittel vorhanden, um Städte „neu zu denken", wohingegen in der „alten Welt" vorrangig Ersatz- und Instandhaltungsinvestitionen im Vordergrund stehen.

Da sich Innovationen traditionell dort ihren Weg bahnen, wo auch der Markt vorhanden ist, stellt sich hier die langfristig entscheidende Frage, in welchem Ausmaß Europa noch tatsächlich „Treiber" von modernen Konzepten sein kann, oder ob unserem Kontinent mit dem Weg der Kunden in andere Regionen nicht auf lange Sicht sehr viel Know-how und Entwicklungspotenzial verloren gehen wird.

„Smart Cities" sind „made of steel"

Stahl wird jedenfalls auch in Zukunft ein zuverlässiger, bewährter und vor allem innovativer Werkstoff für moderne Mobilitäts- und Energiekonzepte sein. Wie auch immer die „Städte der Zukunft" im Detail aussehen werden – sie werden zu einem ganz wesentlichen Teil „made of hightech steel" sein und die Lebensqualität auch vor dem Hintergrund der großen Herausforderung weiter entscheidend verbessern.

NACHHALTIGKEIT

E-MOBILITÄT: WICHTIGER TEIL EINES GESAMTKONZEPTES

DR. HANNES ANDROSCH
RAT FÜR FORSCHUNG UND TECHNOLOGIEENTWICKLUNG,
AIT AUSTRIAN INSTITUTE OF TECHNOLOGY

E-Mobilität gilt als nachhaltige Zukunftstechnologie mit Vorteilen und Potenzialen aus volkswirtschaftlicher wie ökologischer Sicht, stellt aber keine schnell umzusetzende Patentlösung dar, sondern kann nur Teil eines Gesamtkonzepts sein.

Das Mobilitätsverhalten des Menschen hat von Beginn an seine Entwicklung mitbestimmt und die Welt entscheidend beeinflusst. Bahnbrechende Erfindungen, die die Art der Fortbewegung veränderten, markieren Epochen der Menschheitsgeschichte. Mit der Erfindung des Rades begann die Entwicklung der technischen Kultur der Vorzeit. Die industrielle Revolution brachte mit mechanischer Energieerzeugung und Energieumwandlung vor allem durch die Dampfmaschine sowie der massenhaften Verwendung der mineralischen Grundstoffe Kohle und Eisen einen revolutionären Ersatz menschlicher Muskelkraft. Mit dem Aufschwung der gewerblichen Produktion und des Handels ging die Entwicklung der Verkehrswege und Verkehrsmittel einher. In der Folge wurden immer mehr Fahrzeuge entwickelt, um Personen und Frachtgüter schneller und über größere Entfernungen hinweg zu transportieren.

Motorengetriebene Wagen lösten die bisher von Zugtieren gezogenen Fuhrwerke in nahezu allen Bereichen mehr und mehr ab. Während am Beginn der Geschichte des Automobils in den USA 40 Prozent mit Dampf, 38 Prozent elektrisch und nur 22 Prozent mit Benzin betrieben wurden, trat das Auto seinen weltweiten Siegeszug mit dem Verbrennungsmotor an. Der Verkehr auf der Straße, in der Luft und zu Wasser nahm rasant zu. Allein in Österreich stieg die Zahl der PKWs seit 1970 um nahezu das Vierfache und lag 2011 bei über 4,5 Millionen.

Ab Mitte des 18. bis zum Ende des 19. Jahrhunderts schufen Pioniere wie Galvani, Ampère, Edison, Tesla, Faraday und viele mehr die theoretischen Grundlagen sowie anwendungsfähige Technologien der Elektrizität. Die Entwicklung eines Systems der Stromerzeugung und Verteilung ermöglichte es, in weiten Teilen der Erde Licht, Wärme und Kraft aus elektrischer Energie zu gewinnen, und gestaltete Wirtschafts- und Produktionsprozesse neu. Der Einzug von Hightech-Geräten in Firmen und private Haushalte ebenso wie die modernen Kommunikations- und Informationstechnologien unseres Computer-Zeitalters brachten gravierende Veränderungen der Arbeitswelt wie des persönlichen Lebensstils jedes Einzelnen mit sich. 2011 verfügten in Österreich 75 Prozent aller Haushalte über einen Internetzugang, der Mobilfunkboom setzte sich mit 12,9 Millionen SIM-Karten fort.

Die technisch-industrielle Weiterentwicklung führte zusammen mit dem rasanten Anwachsen der Weltbevölkerung zur Entstehung von Großstädten und heutigen Mega-Cities wie etwa Mexiko City, Shanghai oder Tokio. Während Mitte des 18. Jahrhunderts weltweit etwa 800 Millionen Menschen lebten, stieg die Zahl infolge der industriellen Revolution um 1800 auf eine Milliarde an. Heute liegt sie bei knapp über sieben Milliarden Menschen. Seit dem Jahr 2007 lebt mehr als die Hälfte der Weltbevölkerung in Städten und der Trend zu urbanen Agglomerationen hält an. Nach Schätzungen der UNO wird der Anteil der Stadtbevölkerung bis 2030 auf über 60 Prozent steigen, bis zum Jahr 2050 bei rund 70 Prozent liegen. Weltweit gibt es derzeit 30 Ballungsräume mit mehr als zehn Millionen Einwohnern.

All diese Entwicklungen lassen sich in ihrer ökologischen, ökonomischen und sozialen Tragweite bei weitem nicht vollständig absehen. Die Auswirkungen des Verbrauchs von Energie, Rohstoffen und Fläche sowie der Produktion von Schadstoffen, Abwas-

HANNES ANDROSCH

serströmen und Müllbergen auf die Umwelt sind gravierend. Weltweit gehen bis zu 70 Prozent der Treibhausgase, zwei Drittel der verbrauchten Energie und rund 60 Prozent des Trinkwasserverbrauchs auf das Konto urbaner Ballungszentren. Um den Bewohnern von Städten eine hohe Lebensqualität zu gewährleisten, die Umwelt zu schonen und Energieeinsparungen zu realisieren, sind umfassende Stadtplanungskonzepte nötig, die verschiedenste Aspekte – u. a. Infrastruktur, Verringerung der Verkehrsdichte, Architektonik, das Abstimmen von Technologie, Verkehrssystem und Verkehrsverhalten aufeinander – berücksichtigen. Um den Verkehr umweltfreundlicher zu gestalten, müssen CO_2-Ausstoß und Feinstaub reduziert werden. Hoffnungsträger sind dafür der öffentliche Verkehr und elektrobetriebene Fahrzeuge.

E-Mobilität gilt als nachhaltige Zukunftstechnologie mit Vorteilen und Potenzialen aus volkswirtschaftlicher wie ökologischer Sicht, stellt aber keine schnell umzusetzende Patentlösung dar, sondern kann nur Teil eines Gesamtkonzepts sein. Noch sind eine Reihe von technischen Problemen wie etwa Batteriekapazität – hier forscht auch das AIT Austrian Institute of Technology – oder Ladesysteme sowie Fragen zur Sicherheit bei Feuer oder Unfällen nicht gelöst. Ebenso fehlt bisher eine ausreichende, leistungsfähige und wirtschaftliche Infrastruktur zur Energieversorgung von Elektrofahrzeugen. Gerade die Energieversorgung stellt eine große energiepolitische Herausforderung dar, geht es doch um die Frage, auf welchem Weg Strom produziert wird. Die jüngsten Stromausfälle in Indien, die Nuklearkatastrophe von Fukushima oder die Probleme der Energiewende in Deutschland veranschaulichen das Spektrum der anstehenden Fragen, für die es Lösungen zu finden gilt.

NICHT BEI DEN MENSCHEN SPAREN, SONDERN BEI BAUMASCHINEN UND BETON!

DR. GERHARD HEILINGBRUNNER
UMWELTDACHVERBAND

Schon 1984 hat Günther Nenning im Zuge der Auseinandersetzungen um Hainburg appelliert: Die Republik ist doch keine Baufirma! 28 Jahre später gilt dieser Mahnruf mehr denn je zuvor. Denn während wir von der Wirtschafts- und Finanzkrise durchgebeutelt werden und von der Bildung bis zur Invaliditätspension jeder Posten nach Einsparungspotenzial abgeklopft wird, leisten wir uns einen unzeitgemäßen Luxus: Die Alpenrepublik ist reich an Autobahnen. 26,2 Kilometer davon kommen auf 100.000 EinwohnerInnen. Damit liegt Österreich um 10 km vor der Autobahn-Nation Deutschland und 13 km vor dem Durchschnitt der 27 EU-Länder. Rechnet man die Flächen zusammen, die in Österreich für Autobahnen, Böschungen, Anschlussstellen, Autobahnknoten und Autobahnrastplätze sowie für Lärmschutz und Schutzabstand zu Autobahnen beansprucht werden, kommt man auf ein Areal von mehr als 40.000 Hektar oder 50 m² je Österreicherin und Österreicher. Zum Vergleich: Die durchschnittliche Wohnfläche beträgt 43 m² pro Person. Landes- und Gemeindestraßen sind dabei noch gar nicht eingerechnet.

Der Bauwahn setzt sich von Großprojekten bis zum kleinen Häuslbauer fort. Das Verlangen nach dem „Haus im Grünen" begräbt Jahr für Jahr eine Fläche von 24 Fußballfeldern unter Asphalt und Beton. Die derzeitige Widmungspraxis erlaubt trotz umfassender Baulandreserven in vielen Gemeinden Österreichs Neuwidmungen. Dass vorhandenes Bauland gehortet und letztlich nicht bebaut wird, führt zu zunehmender Zersiedlung der Landschaft und damit einhergehend zum Raubbau

GERHARD HEILINGBRUNNER

an Grünflächen, die für Straßen, Einkaufszentren, Flughäfen und das Haus im Grünen geopfert werden.

Während das Land zubetoniert wird, fehlt der öffentlichen Hand das Geld bei Bildung, Forschung und für Umwelt und Naturschutz. Mit jedem Neubau geht wertvolle Fläche verloren und obwohl Österreichs Wiesen, Äcker und Wälder unsere Lebensmittel, Rohstoffe und Energie für unseren täglichen Bedarf liefern sollen, vergessen wir auf den sorgsamen Umgang mit unseren Natur- und Freiräumen und der Bedarf nach unverzichtbaren Erholungsräumen bleibt auf der Strecke. Dieses Naturkapital ist und bleibt auch in Zukunft unser Lebenskapital.

In Summe sind das fatale Fehler in der Weichenstellung! Denn: Die Kosten für Autobahnen und Tunnelprojekte bergen weitere Folgekosten in Milliardenhöhe in sich. Wir bürden unseren Kindern und Enkelkindern Lärm, Abgase und Erhaltungskosten auf. Und auch der Traum vom Haus im Grünen kann durchaus zu einem Alptraum werden, wenn Nahversorger aussterben bzw. abziehen, der öffentliche Verkehr ausgedünnt wird und im Stau das Fahr- zum Stehzeug mutiert. Das Problem wird auch mit der zunehmenden Vergreisung der Bevölkerung verstärkt, da viele in Eigenregie geplante Wohnträume im Grünen weder barrierefrei noch seniorengerecht sind. Damit bleibt den BewohnerInnen im Alter nur der Weg ins Heim und mit den aufgegebenen Wohnsitzen gehen Bauwerte in Milliardenhöhe verloren. Gleichzeitig steigen für die Kommunen die Fixkosten für die Erhaltung der immer schwächer genutzten Wasser-, Kanal- und Straßen-Infrastruktur und verlassene Ortschaften trüben die Idylle vom ländlichen Raum auch als verbleibender Tourismuschance.

Daher braucht es eine Politik, die regionale Strukturen stärkt und die eigentlichen Zukunfts-Investitionen in Bildung, die Qualität des öffentlichen Personennahverkehrs bzw. echte Green Jobs im Bereich Energiedienstleistung oder Naturschutz leistet.

Um mit den Investitionen nicht gegen die Mauern der ökonomischen Zwänge anzurennen, muss mit einer umfassenden Ökologisierung des Steuersystems der sorgfältige Umgang mit Energie, Ressourcen und den Naturgütern auch ökonomisch rentabel sein. Solange die Nutzung der Großprojekte nicht geklärt ist, und solange der Güterverkehr auf der Straße so konkurrenzlos subventioniert wird, solange keine effektiven Maßnahmen und glaubwürdigen Pläne und Gesetzesvorschläge zur Verlagerung des Güterverkehrs auf die Schiene getroffen sind, so lange müssen diese Megaprojekte jedenfalls in der Schublade bleiben.

REWE INTERNATIONAL AG UND DAS LEITBILD EINER NACHHALTIGEN ENTWICKLUNG

FRANK HENSEL
REWE INTERNATIONAL AG

Gemeinsam an morgen denken. Dieser Gedanke bietet die Basis für die Nachhaltigkeitsstrategie der REWE International AG. Nachhaltigkeit verstehen wir als eine Entwicklung, die die Bedürfnisse heute lebender Menschen befriedigt, ohne zu riskieren, dass Menschen in Zukunft ihre Bedürfnisse nicht befriedigen können. Es geht also um Gerechtigkeit für heute lebende Menschen und für kommende Generationen. Nachhaltigkeit ist ein Leitbild, das diese Gerechtigkeit in konkrete Handlungen übersetzen will. Nachhaltigkeit betrifft alle: die internationale Staatengemeinschaft, die europäische Ebene, Nationalstaaten – aber auch Verbraucher und Unternehmen. Es ist allgemein akzeptiert, dass mit diesem Leitbild soziale, ökologische und ökonomische Aspekte verbunden sind. Die Kunst der Nachhaltigkeit ist es, diese verschiedenen Aspekte gekonnt auszubalancieren.

Diese Überlegung ist auch die Grundlage der Nachhaltigkeitsaktivitäten der REWE Group. Nachhaltigkeit ist für uns ein intensiver und andauernder Prozess, der darauf abzielt, im täglichen Geschäftsleben zukunftsfähig zu handeln – und zwar in allen Unternehmensbereichen. Wir nehmen unsere gesellschaftliche Verantwortung wahr, indem wir auf vier Feldern der Nachhaltigkeit Impulse setzen. Diese Säulen unserer Nachhaltigkeitsstrategie sind:

› Grüne Produkte – das Kerngeschäft
› Mitarbeiterinnen und Mitarbeiter – unser wichtigstes Kapital

› Gesellschaftliches Engagement – unser Beitrag zu einer besseren Gesellschaft
› Energie, Klima und Umwelt – der Schutz der natürlichen Lebensgrundlagen

Als größter österreichischer Lebensmittel- und Drogeriefachhändler übernehmen wir also Verantwortung für den Erhalt des Naturkapitals, für die Sicherung der natürlichen Lebensgrundlagen. Wenn wir nachhaltig wirtschaften wollen, müssen ökologische Faktoren stets berücksichtigt werden. Die Umwelt schützen, Energie effizient und sparsam einsetzen, das Klima schützen – darin sehen wir unseren Beitrag zu einer nachhaltigen Entwicklung. Nachhaltigkeit gehört für uns daher ganz klar zum Kerngeschäft. Sie betrifft unsere Mitarbeiter, unsere Kunden und unsere Logistik. Wer mich kennt, weiß, dass ich nicht den Eindruck erwecken möchte, unsere ausgeprägte Nachhaltigkeitsstrategie sei reiner Selbstzweck. Nachhaltigkeit ist auch ein wesentlicher ökonomischer Erfolgsfaktor, der im Lebensmittel- und Drogeriefachhandel einfach nicht mehr vernachlässigt werden kann. Denn unsere Kunden legen großen Wert auf hochwertige Produkte und nachhaltige Rahmenbedingungen. Der große wirtschaftliche Erfolg unserer Bio-Marke „Ja! Natürlich", mit der wir seit nunmehr 17 Jahren neue Maßstäbe in Sachen hochwertige Lebensmittel setzen, beweist das eindrucksvoll.

Doch ein erfolgreicher Lebensmittelhändler darf sich nicht nur auf die Nachhaltigkeit seiner Produkte konzentrieren. Das würde nämlich viel zu kurz greifen. So verfolgt die REWE International AG neben vielen anderen Projekten auch anspruchsvolle Ziele bei der Senkung der Kohlendioxidemissionen. Mit anderen führenden österrei-

FRANK HENSEL

chischen Unternehmen sind wir Teil der „klima:aktiv"-Initiative des österreichischen Lebensministeriums. Wir gehören damit zu den Vorreitern unter den Unternehmen, die sich aktiv für den Klimaschutz einsetzen. Das zeigt sich in konkreten Projekten. Innovative Konzepte bei Neu- und Umbauten von Märkten wurden in über 300 Filialen eingesetzt. Alle Filialen und Lager der REWE Group in Österreich werden – in Kooperation mit dem Verbund – ausschließlich mit Strom aus erneuerbaren Energiequellen vorsorgt. Diese Verwendung von „Grünstrom" ist ein wesentlicher Beitrag zum Klimaschutz. Darüber hinaus leisten unsere Maßnahmen in der Logistik einen wichtigen Beitrag zum verantwortungsvollen Umgang mit natürlichen Ressourcen und der Senkung von Emissionen.

Ökologie und Mobilität

Bei der Nutzung natürlicher Ressourcen eine Wende in Richtung Nachhaltigkeit zu schaffen, gehört zu den größten Herausforderungen unserer Zeit. Dass die Mobilität hier eine zentrale Rolle spielt, liegt auf der Hand. Der Transport von Menschen und Gütern führt zum Verbrauch von Flächen und Energie – und er ist dadurch einer der wichtigsten Faktoren für erfolgreichen Klimaschutz. Mobilität, wie wir sie heute kennen, ist nicht mehr zukunftsfähig. Unsere Gesellschaft wird grundlegend neue Formen von Mobilität andenken müssen, wenn Klimaschutz und Nachhaltigkeit erreicht werden sollen. Infrastrukturen, Nutzungsformen und Energieverwendung im Bereich der Mobilität bestimmen wesentlich mit darüber, ob und wie die Klimafolgen wirtschaftlicher Aktivitäten reduziert werden können. Globale Governance ist hier ebenso gefordert wie die nationale Politik. Auch Verhaltensänderungen von Bürgerinnen und Bürgern sind ein wichtiger Erfolgsfaktor. Und last, but not least: Unternehmen spielen eine wichtige Rolle. Sie können Innovationen im Verkehrsbereich vorantreiben, neue Nutzungsformen fördern und Verhaltensänderungen kommunizieren. In diesem Sinne setzt sich die REWE Group aktiv für zukunftsfähige Innovationen im Bereich der Mobilität ein.

REWE International AG fördert E-Mobilität

Die REWE International AG setzt auch in diesem Bereich deutliche Zeichen. Wir streben stets an, innovative Trends und Projekte zu unterstützen und auf gesellschaftliche Entwicklungen frühzeitig zu reagieren. Damit sind wir auch näher am Kunden, tun etwas für unsere Reputation – und wir nutzen Win-win-Situationen, die gerade bei ökologischen Fragen eine wichtige Rolle spielen. Das gilt besonders für den Bereich der Mobilität. Wir arbeiten ganz konkret in unserer unternehmerischen Praxis daran, den Transport von Menschen und Gütern zukunftsfähig zu organisieren. Wir gehören zu den größten österreichischen Fuhrparkbetreibern und sind damit ein wichtiger Akteur, wenn es um die Umgestaltung von Mobilität in Richtung Nachhaltigkeit geht. Wenn wir hier als „Smart Company" agieren, ist das auch ein Beitrag zur Entwicklung von „Smart Cities". Die E-Mobilität spielt dabei eine sehr wichtige Rolle.

Wir fördern E-Mobilität unter anderem durch unsere Mitgliedschaft bei „Austrian Mobile Power" (AMP), Verein zur Förderung der Elektromobilität. Diese Plattform

FRANK HENSEL

strebt an, so schnell wie möglich ein übergeordnet gültiges Gesamtsystem für Elektromobilität in Österreich umzusetzen. Wir stellen bereits heute auf zahlreichen Parkplätzen von MERKUR und BILLA mit Grünstrom Auflademöglichkeiten für E-Fahrzeuge zur Verfügung – und zwar kostenlos. Der Ausbau einer leistungsfähigen und flächendeckenden Infrastruktur ist Voraussetzung für eine rasche und erfolgreiche Verbreitung der E-Mobilität in Österreich. Die Entwicklung kundenorientierter Mobilitätsdienstleistungen ist ein äußerst interessanter Zukunftsmarkt. Mit den Partnern der Austrian Mobile Power sind wir hier aktiv dabei.

Gemeinsam mit Partnern wie der Salzburg AG betreiben wir „EMIL" – ein Angebot für umweltschonende, kostengünstige und flexible Mobilität". Hier geht es um Änderungen des persönlichen Mobilitätsverhaltens in Richtung Nachhaltigkeit. EMIL ist das erste Carsharing-Konzept, bei dem ausschließlich Elektroautos zur Verfügung gestellt werden. Mit hoher Kostentransparenz und einer Fahrzeugverfügbarkeit ohne Bindung und Fixkosten stellen wir eine Mobilitätsform bereit, die komfortabel ist und gleichzeitig einen wesentlichen Beitrag zum Klimaschutz leistet. Der Betrieb startete mit fünf Ausleihstationen und zehn Elektroautos. Bis 2016 werden es 40 Stationen in der Stadt Salzburg sein. Carsharing mit Elektroautos hat einen doppelten positiven Effekt im Sinne einer klimaverträglichen und nachhaltigen Mobilität: Einerseits sind durch das Teilen der Fahrzeuge weniger Autos unterwegs – andererseits werden diese mit Strom aus ökologisch unbedenklichen Quellen angetrieben. EMIL hat bereits für ein beachtliches Echo in den Medien gesorgt. Die Kunden vor Ort geben uns äußerst positive Rückmeldungen. Es gibt bereits Anfragen für weitere

Standortkooperationen. All das zeigt: Wir sind mit EMIL auf einem richtigen Weg in Richtung mehr Nachhaltigkeit in der Mobilität.

Außerdem setzt die REWE Group auf zahlreiche weitere Aktivitäten im Bereich der E-Mobilität. Wir verfügen über drei Elektro-PKW und drei Hybrid-LKW. Die REWE Group testet E-Fahrzeuge und hilft dem Autohersteller Volkswagen dadurch, Technik, Alltagstauglichkeit und Nutzeranforderungen für die spätere Großserie abzusichern. Und: In den Handelsfirmen von REWE International AG kaufen täglich 1,4 Millionen Menschen ein – wir erzielen mit unseren Aktivitäten eine erhebliche Breitenwirkung für das Thema und leisten einen Beitrag zur Sensibilisierung für die Klimafolgen von Verkehr.

Das Gesicht der Mobilität wird sich in Zukunft grundlegend verändern. Erfordernisse des Klimaschutzes, Ressourcenknappheit und technologische Innovationen – all das wird tiefgreifenden Wandel nach sich ziehen. Als führendes Handelsunternehmen befinden wir uns buchstäblich inmitten dieser Prozesse – und sind aktiv daran beteiligt, diesen Wandel so zu gestalten, dass er im Sinne einer nachhaltigen Entwicklung verläuft. E-Mobilität erscheint in diesem Zusammenhang als realistischste Antriebsform – sie ist eine Art Brückentechnologie für eine Mobilitätslandschaft, die ökologisch und ökonomisch nachhaltig ist. Auch auf diesem Feld hat die REWE Group den Anspruch, Vorreiter zu sein und zukunftsfähig zu handeln. Mit unserem Engagement für Elektro-Mobilität werden wir unserer gesellschaftlichen Verantwortung gerecht. Und zwar nachhaltig.

SMART CITIES BRAUCHEN NACHHALTIGE UNIVERSITÄTEN

DIPL.-ING. ILJA MESSNER
BOKU WIEN

Universitäten können zu einer nachhaltigen Entwicklung durch Forschung und Lehre beitragen. Die Umsetzung im laufenden Betrieb stellt Universitäten, wie viele andere Betriebe, vor besondere Herausforderungen. Die Universität für Bodenkultur Wien geht dabei neue Wege.

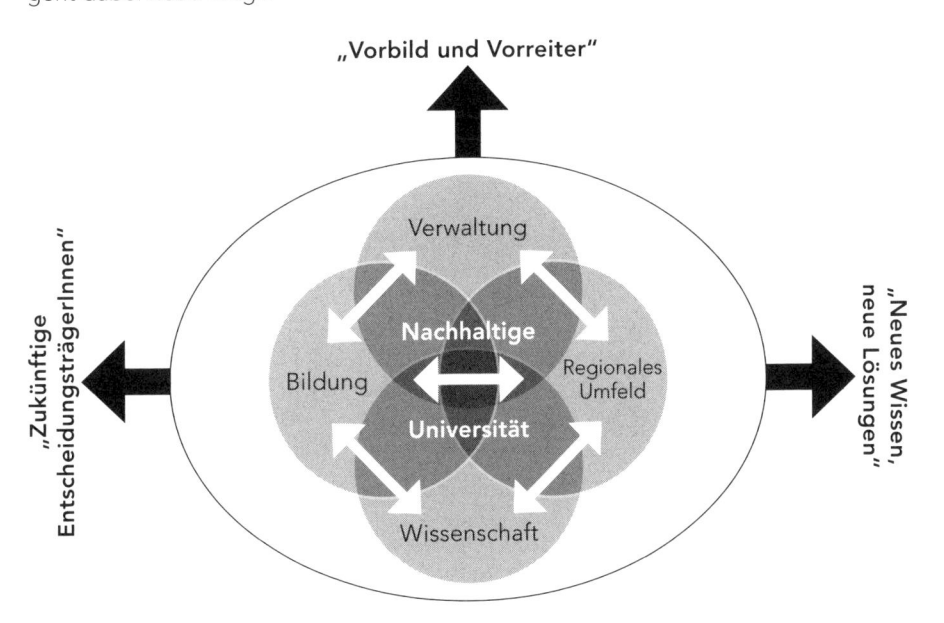

Abb. 1: Universitäten prägen gesellschaftliche Entwicklung durch Bildung zukünftiger EntscheidungsträgerInnen, durch Bereitstellung von neuem Wissen und als Vorbild und Vorreiter. Eine nachhaltige Entwicklung unserer Gesellschaft braucht Universitäten, die Nachhaltigkeit konsequent in Bildung, Wissenschaft, Verwaltung und durch Kooperation mit dem regionalen Umfeld umsetzen.

Bereits im Jahr 2006 hat sich die Universität für Bodenkultur dazu entschlossen Nachhaltigkeit in allen zentralen Funktionsbereichen umzusetzen und in alltäglichen Prozessen sichtbar zu machen. Ein Blick zurück zeigt, dass vieles umgesetzt wurde.

Nachhaltigkeit strukturell verankert

Ein Umweltmanagementsystem (EMAS und ISO 14001) wurde eingeführt, der Fuhrpark für MitarbeiterInnen und Studierende eingerichtet sowie die zentrale Beschaffung durch ökologische Kriterien ergänzt. Heuer wird bereits zum vierten Mal ein Nachhaltigkeitsbericht publiziert, der alle Aktivitäten der Universität für Bodenkultur im Bereich Nachhaltigkeit aufzeigt. Im Laufe der letzten Jahre wurde Nachhaltigkeit auf der BOKU zunehmend institutionalisiert.

Das Zentrum für globalen Wandel und Nachhaltigkeit oder das Doktoratskolleg nachhaltige Entwicklung sind Beispiele dafür. „Das internationale UI Green Metric Ranking[1] zeigt, dass die Universität für Bodenkultur im Bereich Nachhaltigkeit eine Vorreiter- und Vorbildfunktion unter den europäischen Universitäten einnimmt", so Rektor Martin Gerzabek. Seit dem heurigen Jahr bietet die BOKU ein eigenes CO_2-Kompensationstool für MitarbeiterInnen und Unternehmen an. Dabei können CO_2-Emissionen, die z. B. durch Flugreisen verursacht wurden, durch Forschungsprojekte in Entwicklungsländern kompensiert werden.

---

[1] http://greenmetric.ui.ac.id

ILJA MESSNER

Barrieren überwinden durch soziales Lernen

Trotz der zahlreichen Maßnahmen blieben jedoch Barrieren auf individueller Ebene bestehen. Die bisher gesetzten Maßnahmen haben nur teilweise zum Überdenken vorhandener Denk- und Handlungsmuster geführt, wie eine jüngst durchgeführte Befragung unter Nachhaltigkeitsakteuren an der BOKU zeigte. Im Rahmen eines neuen Forschungsprojektes an der BOKU über die BOKU werden nun drei Projekte mit Fokus auf soziales Lernen für Nachhaltigkeit umgesetzt. Dabei werden MitarbeiterInnen und Studierende aktiv in die Entstehung und Umsetzung eines Mobilitätskonzepts sowie die Entwicklung von Green Events/Meetings Standards eingebunden. Unter anderem wird die Frage, welche Rolle E-Mobilität in Zukunft an der BOKU spielen wird, im Rahmen der Projekte beantwortet werden. Auch die Integration von Nachhaltigkeit in die Lehre wird in einem eigenen Projekt behandelt.

Aktionsforschung für nachhaltigen Wandel

Der Aktionsforschungsansatz ist, gerade wenn es um die Umsetzung von Nachhaltigkeit in Organisationen geht, besonders geeignet. Er ermöglicht es in einmaliger Weise, Beratung und Forschung zu integrieren. Durch die konkrete Umsetzung von Projekten werden greifbare Ergebnisse erzielt, während die wissenschaftliche Begleitung wertvolle Erkenntnisse für die Organisationsentwicklung zu nachhaltigen Unternehmen liefert.

Nachhaltigkeit braucht Commitment

Eine Voraussetzung für erfolgreiche Organisationsentwicklung besonders im Nachhaltigkeitsbereich ist das Engagement der Führung. Die Umsetzung der Projekte sowie die wissenschaftliche Begleitung dieser wird vom Rektorat an der BOKU nicht nur getragen, sondern aktiv unterstützt.

STATEMENTS

Im Rahmen des Doktoratskollegs nachhaltige Entwicklung beschäftigen sich junge WissenschaftlerInnen mit Nachhaltigkeit. Dabei wird auch die Frage, wie soziales Lernen für nachhaltige Entwicklung in Universitäten und anderen Organisationen stattfinden kann, behandelt.

> „Wald gegen Flugreisen: Mit einem CO_2-Kompensationsprojekt zeigt die Universität für Bodenkultur Wien vor, wie Nachhaltigkeit für Institutionen in der Praxis aussehen kann." *BOKU-Rektor Martin Gerzabek*

ILJA MESSNER

› „Mein Wunsch wäre, die Themen der Nachhaltigkeit nicht als Schlagworte zu verwenden, sondern zu einer Handlungsgrundlage für politische Entscheidungen zu machen." *BOKU-Rektor Martin Gerzabek*

› „Die Umsetzung von Nachhaltigkeit ist immer ein Aushandlungsprozess zwischen unterschiedlichen Werten und Interessen. Universitäten haben hier eine Vorreiter- und Vorbildfunktion einzunehmen." *Dipl.-Ing. Ilja Messner, Dissertant Doktoratskolleg nachhaltige Entwicklung*

INFOS UND FACTS

› **www.boku.ac.at/nachhaltigkeit.html:** Nachhaltigkeitsplattform der Universität für Bodenkultur
› **http://dokne.boku.ac.at:** Erstes Doktoratskolleg mit klarem Fokus auf Nachhaltigkeitsforschung in Österreich
› **www.boku.ac.at/CO_2-kompensation.html:** Alles zum Thema CO_2-Kompensation für Unternehmen
› **www.openscience4sustainability.at:** Plattform für Kommunikation zwischen Wissenschaft und Öffentlichkeit zum Thema Nachhaltigkeit

NACHHALTIGE ELEKTROMOBILITÄT: MEHR ALS EIN SCHLAGWORT?

DORIS HOLLER-BRUCKNER
OEKONEWS – TAGESZEITUNG FÜR ERNEUERBARE ENERGIE UND NACHHALTIGKEIT
BUNDESVERBAND NACHHALTIGE MOBILITÄT

Blechschlangen wälzen sich über die Südosttangente – kaum ein Tag ohne Stau. Macht es da überhaupt Sinn, auf Elektromobilität zu setzen? Sind E-Autos nicht genauso Platzverbraucher? Woher kommt der Strom? Verbrauchen Batterien nicht viel Energie bei der Herstellung?

Vergleichen wir folgende Szenen: Sie stehen im Stau, mit offenen Autofenstern. Es stinkt und es ist verdammt laut! Nun die gleiche Szene mit Elektro-Autos: halb so viel Lärm, keine lokalen CO_2-Emissionen, keine Stickoxide, kein Feinstaub. Schließen Sie die Augen – ist Ihnen der Unterschied nun klar? Zeit, um zu handeln! Ein Systemwechsel steht bevor. Eine Energiewende heißt Umstieg, auch bei der Mobilität.

Nachhaltiges Autofahren heißt: Weg vom Öl

Derzeit sind wir Öljunkies. Jeder Einzelne von uns, der ein „fossiles" Fahrzeug fährt, ist abhängig. Ein Faktum, das sich auf unsere Handelsbilanz verheerend auswirkt. In den USA werden jährlich ca. 260 Milliarden Dollar für den Erdölimport ausgegeben – davon laufen ca. 70 % in die durstige Autoflotte. Auch in Österreich ist es nicht besser: Brennstoffe und Energie sind wesentliche Importe. Rund 11,7 Milliarden Euro wurden im Vorjahr dafür an andere Länder bezahlt. Tendenz steigend, denn der Rohölpreis hat sich in den letzten zehn Jahren verfünffacht!

Eine Studie von PwC für den Klimafonds ergab: Rund 20 % (ca. 1 Mio.) E-Fahrzeuge würden den österreichischen Stromverbrauch um 3 % erhöhen, neue

DORIS HOLLER-BRUCKNER

Kraftwerke wären dazu nicht notwendig, denn die meisten Fahrzeuge laden in der Nacht. Ausgehend vom heutigen Strommix würden sich die CO_2-Emissionen der PKWs auf 40 g/km reduzieren. Dies würde rund zwei Drittel 2/3 der derzeitigen Emissionen entsprechen. Für die Volkswirtschaft ergäbe dies einen positiven Nettoeffekt von rund 1,3 Milliarden Euro.

Höhere Effizienz und rund 60 % weniger Energiekosten

Eine Berechnung der Well-to-Wheel-Bilanz („vom Bohrloch bis zum Rad") zeigt: Die Gesamt-CO_2-Bilanz wäre, mit deutschem Strommix, 30 bis 70 % sauberer als die eines Verbrennungsmotors. Die österreichischen Zahlen dürften noch besser sein, da wir mehr Strom aus erneuerbaren Energiequellen haben.

Ein Elektroantrieb wandelt 75 bis 80 % des Energieinhalts in Bewegungsenergie um, der Antrieb eines Verbrennungsmotors höchstens 25 bis 30 %. Dass weniger Energieinhalt geringere Fahrkosten verursacht, zeigt sich damit eigentlich klar.

Vollkommen anderes Fahren

Nicht nur das fast geräuschlose Dahingleiten macht Spaß. Elektrofahrzeuge haben eine weit bessere Fahrdynamik, die mit der eines Sportwagens verglichen werden kann. Vom Start weg 100 % Drehmoment! Es wird weniger gebremst, die Bremsenergie wird rückgespeist: Das bringt geringeren Abrieb der Bremsbeläge.

Das Elektrofahrzeug wird günstiger

Nicht nur Umweltschutz und Volkswirtschaft, auch die laufenden Kosten sprechen für E-Mobilität. Der Ölpreis wird weiter steigen und schon heute fährt man mit Elektrofahrzeugen deutlich billiger. Gleichzeitig sinken Material- und Produktionskosten, wenn es in Richtung Massenfertigung geht.

Ein weiterer Punkt zur Kostenreduktion ist die Einfachheit des elektrischen Antriebsstrangs, die zu geringeren Investitionen in Produktionsanlagen führen wird. Beispielsweise betragen derzeit die Investitionskosten für den Aufbau einer voll automatisierten Dieselmotor-Fertigungsstraße rund 200 Millionen Euro. Die Investitionen für eine Fertigungsanlage für Elektromotoren mit in etwa gleicher Stärke liegen im Vergleich dazu bei etwas mehr als fünf Millionen Euro.

100% nachhaltig – mit erneuerbarer Energie

Da ein Auto derzeit bis zu 15 Jahre lang genutzt wird, dauern notwendige Verbesserungen beim CO_2-Ausstoß relativ lange, bis sie sich in der PKW-Flotte auswirken. Elektromobilität ist im Vergleich dazu ein Quantensprung in puncto Nachhaltigkeit, denn die CO_2-Bilanz hängt vor allem davon ab, wie der verwendete Strom produziert wird. Damit verbessert sich mit dem Erzeugungsmix, der immer mehr in Richtung erneuerbare Energien geht, die CO_2-Bilanz jedes Elektroautos, ganz egal wie lange es schon fährt. Also tatsächlich eine nachhaltige Investition.

DORIS HOLLER-BRUCKNER

Für die E-Fahrzeug-Fahrer hat das derzeit nur ideellen Wert. In Zukunft könnte sich dieser Aspekt positiv auf die Finanzen auswirken. Denn die CO_2-Kosten, die wir durch künftige Steuern wahrscheinlich zahlen müssen, werden durch einen saubereren Strommix immer niedriger. Das wird den Wiederverkaufswert eines E-Autos mitbestimmen. Größere Flottenbetreiber planen deswegen einen Umstieg: General Electric z. B. will bis 2015 die Hälfte seiner weltweit eingesetzten Autos, rund 25.000 Stück, durch E-Fahrzeuge ersetzen.

Flexible Fahrt – trotz weniger Reichweite

Ein österreichischer Autofahrer fährt pro Tag im Schnitt rund 36 Kilometer. Das heißt, bereits heute wäre es möglich, viele Strecken mit Strom zu fahren. Im Schnitt ist ein Auto 23 Stunden am Tag ein „Stehzeug" und fährt nicht. Bei einer Ladung von 3 kW und einem Verbrauch von 20 kWh für 100 Kilometer ist die für 40 Kilometer nötige Energie in weniger als drei Stunden geladen. Zwischendurch oder über Nacht aufzuladen scheint damit in der Praxis problemlos möglich.

Im Detail gesehen ist es nicht die begrenzte Reichweite, die E-Autos einschränkt, sondern die Geschwindigkeit, mit der die Batterie geladen wird. Technische Lösungen dazu sind bereits am Markt: An Schnellladestationen können 80% der Batteriekapazität in 15 Minuten nachgeladen werden! Und für jene, die unbedingt hunderte Kilometer zurücklegen müssen, gibt es den Plug-in-Hybrid: Der Elektroantrieb wird mit einem Verbrennungsmotor kombiniert und rund 60–80 km können rein elektrisch gefahren werden. Erste Serienfahrzeuge, wie der Chevrolet Volt oder der Nissan Leaf, zeigen im täglichen Einsatz, dass damit rund 80 % weniger Benzin getankt wird.

Das E-Bike als gute Alternative zum Auto

Wir müssen ja nicht nur mit dem Auto fahren. Im städtischen Raum sind öffentliche Verkehrsmittel, die ebenfalls elektrisch fahren, die bessere Alternative. Im Umland Wiens könnten E-Bikes auf Kurzstrecken rund 400.000 Fahrten mit etwa 2 Millionen PKW-Kilometern ersetzen. Die Weiterfahrt könnte mit Öffis erfolgen. Ein Vorarlberger Projekt mit 500 Elektro-Fahrrädern zeigte, dass rund 35 % der Autofahrten aufs Rad verlagert wurden. Sechs von zehn Personen gaben an, dass sie noch häufiger fahren würden, wenn es bessere Radfahrinfrastruktur gäbe. Allein in den letzten zwei Jahren wurden in Österreich rund 60.000 E-Fahrräder verkauft. Im Vergleich dazu: Es gibt derzeit rund 3.000 Elektro-Mopeds und 1.200 E-Autos auf Österreichs Straßen. Umdenken ist angesagt, ein Mix aus E-Fahrzeugen mit Bahn, U-Bahn, Straßenbahn, E-Zweirädern, … Das ist nachhaltige Elektromobilität!

GALLERY OF FAME

Wir danken den Autorinnen und Autoren für ihre Beiträge.

DR. HANNES ANDROSCH
AR-Vorsitzender des AIT Austrian Institute
of Technology und Vorsitzender des RFTE

DIPL.-ING. NIKOLAUS BERLAKOVIC
Bundesminister für Land- und Forstwirtschaft, Umwelt und Wasserwirtschaft

WOLFGANG BACHMAYER
Geschäftsführer OGM
Gesellschaft für Marketing

DIPL.-ING. MARTIN BLUM
Radverkehrsbeauftragter Wien
Radfahragentur Wien

DIPL.-ING. ROMAN BARTHA
Leiter Elektromobilität
Siemens AG Österreich

LEONI BUSSMANN, MBA
CAR – Center Automotive Research
Universität Duisburg-Essen

PROF. DR. FERDINAND DUDENHÖFFER
Direktor CAR – Center Automotive Research, Universität Duisburg-Essen

DR. MARKUS EINHORN
Scientist, Mobility Department, Electric Drive Technologies, AIT Austrian Institute of Technology

KATHRIN DUDENHÖFFER, MA
Mentoring-Koordinatorin der Fakultät für Ingenieurswissenschaften, Universität Duisburg-Essen

HANS FIBY
Leiter ITS Vienna Region smart phone App AnachB.at

DR. WOLFGANG EDER
Vorstandsvorsitzender voestalpine AG

KR PETER HANKE
Geschäftsführer Wien Holding

MARTIN HARTMANN
Geschäftsführer Taxi 40100
Taxifunkzentrale GmbH

DIPL.-ING. KLAUS HEIMBUCHNER
Projektentwicklung / PR
ITS Vienna Region

DR. WALTER HECKE
Geschäftsführer Trafficpass

FRANK HENSEL
Vorstandsvorsitzender REWE International

DR. GERHARD HEILINGBRUNNER
Präsident Umweltdachverband

DORIS HOLLER-BRUCKNER
Präsidentin Verband für nachhaltige Mobilität

MAG. WOLFGANG ILLES, MBA
Wien Energie GmbH
VT EE / Elektromobilität

MAG.ᴬ LISA KARGL
Umwelt- und Bioressourcenmanagement, Alternative Mobilität – CO_2-freundliche Fuhrparkumstellung

DIPL.-ING.ᴵᴺ BRIGITTE JILKA, MBA
Stadtbaudirektorin

MAG. CHRISTIAN KERN
Vorstandsvorsitzender ÖBB

DIPL.-ING. ALEXANDER KAINER
Principal und Energie-Experte
Roland Berger Strategy Consultants

EM. UNIV.-PROF. DI DR. HERMANN KNOFLACHER
Verkehrsplanungsexperte

FOTOS: WIEN ENERGIE, STADTBAUDIREKTION, ROLAND BERGER STRATEGY CONSULTANTS / ALEX DOBIAS, PRIVAT, ÖBB, TU WIEN

DIPL.-ING.ᴵᴺ ISABELLA KOSSINA, MBA
Konzern-Nachhaltigkeitsbeauftragte & Geschäftsführerin
Wiener Stadtwerke Beteiligungsmanagement GmbH

DIETRICH LEIHS PHD
Head of Solution Management
Kapsch TrafficCom AG

DIPL.-ING. DR. CHRISTIAN KRAL
Senior Scientist, Mobility Department, Electric Drive
Technologies, AIT Austrian Institute of Technology

DIPL.-ING. DR. MICHAEL LICHTENEGGER
Geschäftsführer Beteiligungsmanagement E-Mobilität, Wiener Stadtwerke

DR. CHRISTIAN KUMMERT
Bereichsleiter Vertrieb
Kommunalkredit Austria AG

GERNOT LOBENBERG
Geschäftsführer Berliner Agentur
für Elektromobilität eMO

DIPL.-ING. FRANZ LÜCKLER
Managing Director, CEO
ACstyria Autocluster GmbH

DIPL.-ING. ILJA MESSNER
Dissertant BOKU Wien

DR. ALEXANDER MARTINOWSKY
Vorstandsdirektor
Mercedes Wiesenthal

CHRISTINE MILCHRAM
Internationale Betriebswirtschaft, Alternative
Mobilität – CO_2-freundliche Fuhrparkumstellung

DKFM. JÖRN MEIER-BERBERICH
Vorstand Stuttgarter Straßenbahnen

MAG.ᵃ BARBARA MUHR
Vorstandsdirektorin Holding Graz

DR. CHRISTIAN PESAU
Geschäftsführer Verband der österreichischen Automobilimporteure

FELIX SCHMALEK
Politikwissenschaft, Philosophie und Germanistik, Alternative Mobilität – CO_2-freundliche Fuhrparkumstellung

PROF. KR MARIO REHULKA
Präsident Austrian Aviation Association

JAN TRIONOW
Geschäftsführer Hutchison 3G Österreich

MAG.ᴬ MARIA VASSILAKOU
Vizebürgermeisterin Wien

DIPL.-ING.ᴵᴺ THERESIA VOGEL
Geschäftsführerin
Klima- und Energiefonds

DR. WERNER WEIHS-RAABL
Leiter Infrastrukturfinanzierungen Erste Group Bank AG

FOTOS: IV, OELFV, PRIVAT, HUTCHISON 3G / PEPO SCHUSTER, LUKAS BECK, KLIMAFONDS / HANS RINGHOFER, ERSTE GROUP BANK AG

Wir danken für die Unterstützung

ARWAG HOLDING
Wohnen im schönsten Wien

Impressum

ISBN: 978-3-902900-12-8
© 2012 echomedia buchverlag ges.m.b.h.
Media Quarter Marx 3.2
A-1030, Wien, Maria-Jacobi-Gasse 1
Alle Rechte vorbehalten

Produktion: Ilse Helmreich
Layout: Brigitte Lang, Elisabeth Waidhofer
Cover: Anja Merlicek
Herstellungsort: Wien

echomedia BUCHVERLAG

Besuchen Sie uns im Internet:
www.echomedia-buch.at